Fundamentals of Interior Design

室内设计基础

主　编　冯依锋　汪继锋
副主编　王　慧　陈　英
参　编　陈香草　彭　磊　邵爱民

北京理工大学出版社
BEIJING INSTITUTE OF TECHNOLOGY PRESS

内 容 简 介

本书是一本校企共建、专兼结合的新形态教材。本书内容设计依据室内设计师真实工作岗位服务流程，即从给客户量房开始，到出平面施工图的整个工作流程。

本书主要由设计基础、住宅测量、住宅空间人体工程尺寸应用、住宅空间平面方案设计、住宅户型平面方案设计五大项目板块组成，是为初学室内设计者和初级室内设计师量身打造的设计基础理论、方法和实操的书籍。

为方便教学，书中每个任务都附有教学视频资源，读者可扫描书中二维码观看相应资源，随扫随学，激发学生自主学习，实现高效课堂。

凡选用本书作为教材的教师，均可登录建筑室内设计国家资源库、智慧职教 MOOC 平台免费下载电子课件、设计图纸、习题等配套资源。

图书在版编目（CIP）数据

室内设计基础 / 冯依锋，汪继锋主编 .-- 北京：

北京理工大学出版社，2022.5

ISBN 978-7-5763-0523-4

Ⅰ . ①室…　Ⅱ . ①冯… ②汪…　Ⅲ . ①室内装饰设计

—高等学校—教材　Ⅳ . ① TU238.2

中国版本图书馆 CIP 数据核字（2021）第 211206 号

出版发行 / 北京理工大学出版社有限责任公司

社　　址 / 北京市海淀区中关村南大街 5 号
邮　　编 / 100081
电　　话 / （010）68914775（总编室）
　　　　　（010）82562903（教材售后服务热线）
　　　　　（010）68944723（其他图书服务热线）
网　　址 / http://www.bitpress.com.cn
经　　销 / 全国各地新华书店
印　　刷 / 河北鑫彩博图印刷有限公司
开　　本 / 889 毫米 ×1194 毫米　1/16
印　　张 / 11.5
字　　数 / 320 千字
版　　次 / 2022 年 5 月第 1 版　2022 年 5 月第 1 次印刷
定　　价 / 85.00 元

责任编辑 / 钟　博
文案编辑 / 钟　博
责任校对 / 周瑞红
责任印制 / 边心超

前言 PREFACE

室内设计基础课程是建筑装饰工程技术专业群的基础共享课程，是学生从一般基础知识进入专业实践技能培养的桥梁。本书采用校企一体的方式设计课程内容，以学生发展为中心，将职业精神融入专业课教学。

1. 校企合编教材，企业教师深度参与

本书是为满足"技能型"人才培养目标的教学需求，依据企业人才培养的需要而编写的，强调实训，不追求理论体系的完整，专为高等院校学生量身定做。为贴近建筑装饰行业实际，对接工作一线，企业教师一起深度参与了教材的开发和编写，将行业岗位涉及的新技术手段、新工作方法和职业资格证书的部分考试内容纳入教材，贴近行业发展实际，保证了教材的前沿性与科学性。

2. "零基础"教学，符合高等院校学生的认知规律

本书以读者零基础的学习背景为前提，结合高等院校学生的学习基础和认知规律以及学徒制理念，以让学习者掌握建筑装饰行业从业者应具备的基础能力为教学目标，由浅入深，循序渐进。本书的项目安排由基础应用项目逐步过渡到综合实训项目。针对每个项目，将项目实施分解为一系列的任务，任务细化为具体步骤，分解知识点和项目的解决要点。

3. 以满足企业岗位需求为原则

本书力求知识教学与岗位实际紧密结合，结构采取任务驱动、任务引领的模式，将项目教学法的思想内化在教材内容中。

本书项目均源于实际工作岗位的典型任务，如"绘制室内各空间平面布局图""住宅一居室户型实训"等。这些内容能够吸引学生的注意力，从而激发学生的学习兴趣，使学生获得成就感，最终达到快速掌握并能熟练应用的目的。同时，本书内容不仅强调知识的系统性，更注重如何完整地完成实际工作中的任务，注重培养学生的相关职业能力。

4. 对接职业标准和岗位能力要求，着力体现"职业"二字

（1）职业技能的培养。教材内容着重反映建筑装饰技术在实际工作任务中的典型应用。每个项目的完成过程相当于企业完成一个项目，在这个过程中，职业岗位的技能能够得到有针对性的培养。

（2）职业素养的培养。教材每个项目的栏目设置着重体现对学生创新精神的培养、学生对学习过程及学习方法的理解和掌握，着重培养学生的应用能力，激发学习兴趣和学习动机，注重学生职业道德和职业意识的养成及学生职业能力和综合素质的提升。

5. 丰富数字化资源整合，创新教材呈现形式

该课程属于建筑室内设计专业国家资源库的核心课程，从 2016 年启动资源库建设工作时便开始课程资源建设，拥有丰富的数字资源。作为省级在线开放课程，同步在智慧职教 MOOC 平台上完成 6 期在线课程开设，推广效果良好。实训项目均采用微课、动画、图片与实训步骤相对应进行叙述的方式，配有相应的文字说明，让学生能一目了然地了解操作过程，便于学生快

速掌握相关技巧。

6. 教材融入课程思政育人内容

根据课程教学目标，与时俱进地进行教学资源创新，帮助学生理解和掌握隐含在案例中的相关知识点，将思想政治教育贯穿整个课程教学实践全过程。

（1）传承和弘扬中华家居文化，增强文化自信。学生不仅要掌握家居空间设计的风格与流派，通过我国传统家居文化和中式家居文化的深入学习，有利于强化学生对于民族传统文化的认同与崇敬感，激发爱国热情，坚定文化自信。

（2）培养精益求精的工匠精神。在实践教学中，要求学生对每一组数据负责，养成严谨求实的科研精神和工作作风。

（3）体现绿色宜居、幸福生活的人文主义理念。通过"以人为本"设计理念体现对居住者的精神关怀和尊重，同时也强调针对老年人、残障人士以及幼儿和青少年成长等进行无障碍设计，加深学生对于"以人为本"设计理念的理解。

（4）其他哲学内涵。在本课程中，还有许多哲学内容。在课程教学中，会涉及考勤、团队协作、设计原创性、考试、职业道德、职业规范等内容，结合课程教学可以挖掘社会主义核心价值观中"诚信"思政元素，强调诚信是人之根本，尊重契约精神是创业成功的基础，迟到、抄袭等看似不在意的行为都违反契约精神，教师通过言传身教，潜移默化地影响学生。

限于编者水平，本书缺点与不足在所难免，恳请读者不吝赐教，以便日后不断修改与完善。

编　者

目录 CONTENTS

项目1 设计基础

项目导学

改革开放以来，由于物质生活水平的不断提高，人们对生活质量和居住环境有了更高的要求。以人为本，满足人们的物质和精神需要，为人们的家庭生活提供安全、便利、舒适、愉快、高质量的空间环境，成为住宅室内设计的基本目标。

1. 从"家"字引入课程，谈谈对"家""住宅室内"的理解，引发思考：中国传统家居文化的内涵，以及作为家庭一员所承担的责任是什么。强化对民族传统文化的认同与崇敬感，激发爱国热情，坚定文化自信。

2. 对比东西方文化与不同风格的差异，设计时应充分尊重不同国度的不同地域文化，与我国传统文化和谐共处，认识到中华传统风格的美，提升对幸福生活的向往和对美好室内居住环境的追求。

任务 1.1 设计认知

任务目标

1. 了解住宅室内设计的发展历程；
2. 熟知室内设计行业的发展趋势；
3. 掌握室内空间设计的八大风格及其特征。

任务重难点

1. 辨识室内空间设计的八大风格及其特征；
2. 了解住宅装饰行业发展趋势及应用。

任务知识点

何为设计？设计是将一种设想通过合理的规划、周密的计划，运用各种方式表达出来的过程。何为室内设计？室内设计是根据建筑物的使用性质、所处环境和相应标准，运用物质技术手段和建筑美学原理，创造功能合理、舒适优美、满足人们物质和精神生活需要的室内环境。

1.1.1 住宅室内设计发展历程

1. 中国住宅设计发展

住宅是人类生活的基本载体，住宅的发展水平是一个地区的历史、文化、地理、人民生活水平、社会发展程度等因素的综合体现，同时，住宅也是一个国家、一个城市空间的重要组成要素，是一个地区的基本风貌及宗教人文的直接表达。随着社会进步和人类文明的不断发展，人们对房屋的要求已不仅是最初挡风遮雨、抵御严寒、躲避野兽的作用，而是对其功能、构造、形式、用材等各个方面提出了不同要求，这使不同风格、不同形式、不同材质的住宅建筑相继出现。

中国原始社会的西安半坡人的居住空间已经有了科学的功能划分，且对装饰有了最初的运用。根据西安半坡遗址资料显示，原始人已经意识到对居住空间的分隔和装饰美化（图 1-1）。

夏商周时期的宫殿建筑风格比较突出。建筑空间秩序井然，严谨规整，宫室里装饰着朱彩木料、雕饰白石等。

春秋战国时期，砖瓦及木结构装饰有了新的发展，出现了专门用于铺地的花纹砖。思想家老子的《道德经》中提出"凿户牖以为室，当其无，有室之用。故有之以为利，无之以为用"的哲学思想，揭示了室内设计中"有"与"无"之间互相依存、不可分割的关系。

秦汉时期，中国封建社会的发展达到了第一次高峰，建筑规模体现出宏大的气势。壁画在此时已成为室内装饰的一部分。而丝织品以帷幔、帘幕的行式参与空间的分隔与遮蔽，增加了室内环境的装饰性，而此时的家具也丰富起来，有床榻、几案、箱柜、屏风等几大类。

隋唐时期是我国封建社会发展的第二次高峰，室内设计开始进入以家具为设计中心的陈设装饰阶段，隋唐以后家具注重构图的均齐对称，造型雍容大度，色彩富丽洒脱。家具形式普遍采用长桌、方桌、长凳、腰圆凳、扶手椅、靠背椅、圆椅等。建筑结构和装饰结合完美，风格沉稳大方，色彩丰富，装修精美，体现出一种厚实的艺术风格（图 1-2）。

教学视频 1-1
室内设计发展历程

图 1-1　西安半坡遗址（局部）

图 1-2　韩熙载夜宴图（局部）

图 1-3 明清江南民居

图 1-4 包豪斯校舍

图 1-5 郎香教堂

宋朝是文人的时代，当时的室内设计气质秀雅，装饰风格简练、生动、严谨、秀丽。

明清时期，封建社会进入最后的辉煌，建筑和室内设计发展达到了新的高峰。室内空间具有明确的指向性，根据使用对象的不同而具有一定的等级差别。室内陈设更加丰富和艺术化，室内隔断形式在空间中起到重要的作用。这个时期家居工艺也有了很大发展，成为室内设计的重要组成部分（图 1-3）。

几千年的文化一脉相承，而我们的祖先又早早地确立了儒家思想的统治地位，礼义、道德、宗法观念深入人心，几千年来根深蒂固，无可动摇，这使家居生活很早就步入秩序化、规范化的阶段，室内空间的布置一律严格遵循长幼有序、尊卑有别的原则。同时，由于古人崇尚的最高美学追求是"神韵"，因而在布置室内空间时，人们在悬挂字画、选用器皿和房间色彩等方面下足了功夫，使室内空间在总体上呈现出典雅、古朴的美学特征。虽然各个时代的具体形式有所不同，但严谨的整体布局和古雅的审美情趣从未改变。

2. 现代住宅设计发展

现代主义起源于 1919 年成立的包豪斯学派。在建筑和室内设计方面，其强调突破旧传统，提出与工业社会相适应的新观念，创造新建筑；重视功能和空间组织，注重发挥结构构成本身的形式美，造型简洁，反对多余装饰，崇尚合理的构成工艺；尊重材料的性能，讲究材料自身的质地和色彩的配置效果。

室内设计发展出以功能布局为依据的不对称的构图手法，材质上偏重钢筋混凝土、平板玻璃、钢材的运用，加工精细，色彩单纯、沉稳、冷静。

现代主义代表人物有瓦尔特·格罗皮乌斯、勒·柯布西耶、密斯·凡·德·罗和弗兰克·赖特等。代表作品有瓦尔特·格罗皮乌斯设计的包豪斯校舍（图 1-4）、勒·柯布西耶设计的郎香教堂（图 1-5）、密斯·凡·德·罗设计的范思沃斯别墅（图 1-6）、弗兰克·赖特设计的流水别墅（图 1-7）等。

图 1-6　范思沃斯别墅　　　　　　　　　　图 1-7　流水别墅

1.1.2　室内设计行业发展趋势

随着社会的发展和设计专业的进一步完善，人们对室内设计的要求越来越高，更加注重通过色彩、结构、风格等空间元素的整合，体现室内环境的人性内涵和人文效果，现代室内设计有向多层次化、多风格化发展的趋势。

1. 回归自然化

设计形式返璞归真，逐渐自然化。随着环境保护意识的增长，人们向往自然，渴望住在天然绿色的环境中。设计师们常运用具象和抽象的设计手法创造新的肌理效果，在住宅中创造田园的舒适气氛，强调自然色彩和天然材料的应用，采用许多民间艺术手法和风格，在"回归自然"上下功夫，打破室内外的界线，使人们在室内联想到自然，感受大自然的温馨，身心舒逸。

完美的室内设计使空间与人和谐共处，以居住舒适和谐为主，"以人为本"是室内设计的本源。室内环境的"和谐"更体现了人性和人文化的主题。

2. 整体艺术化、现代化

随着社会物质财富的丰富，人们应该从"物的堆积"中解放出来，使各种物件之间存在统一的整体美。要学会采用现代科技手段，使室内设计达到最佳声、光、色、形的匹配效果，实现高速度、高效率、高功能，创造出理想的、值得人们赞叹的空间环境（图 1-8、图 1-9）。

图 1-8　整体艺术化设计　　　　　　　　　图 1-9　现代化设计

3. 绿色环保化

绿色环保设计是人们对自然、健康的追求，也是可持续发展的生态节能设计。其主要体现在节约能源、节约资源、材料环保及新能源的开发和利用等方面。其设计应以可持续发展为目标，以生态学为基础，以人与自然和谐为核心，利用现代科学技术手段，创造出健康、高效、文明舒适的人居环境（图 1-10）。

4. 设计个性化

个性化设计是为了打破千篇一律的同一化模式。一种设计手法是将自然引进室内，室内外通透或连成一片；另一种设计手法是打破水泥方盒子，用斜面、斜线或曲线装饰，打破水平垂直化以求得变化。还可以利用色彩、图案及玻璃镜面的反射来扩展空间等，打破千人一面的冷漠感，通过精心设计，给每个家庭居室以个性化的特征（图 1-11）。

图 1-10　绿色环保设计　　　　　　　　　　图 1-11　个性化设计

1.1.3　室内空间设计八大风格及其特征

风格是指风度品格。风格是室内装修设计的灵魂，每种风格的形式都与地理位置、民族特征、生活方式、文化潮流、风俗习惯、宗教信仰有着密切的关系，可称为民族的文脉。

室内设计是建筑设计的延续和深化，两者密不可分。室内设计的风格往往在很大程度上与建筑设计在美学观点、表现形式和表现手法、艺术形式（如绘画、造型艺术，甚至文学、音乐等）及艺术流派的主张与观点等方面有许多相似之处。

室内空间设计八大风格包括现代简约风格、新中式风格、美式乡村风格、新古典风格、古典欧式风格、地中海风格、东南亚风格、日式风格。

1. 现代简约风格

简约主义源于 20 世纪初期的西方现代主义。西方现代主义源于包豪斯学派，包豪斯学派始创于1919 年德国魏玛，创始人是瓦尔特·格罗皮乌斯。包豪斯学派提倡功能第一的原则，提出适合流水线生产的家具造型，在建筑装饰上提倡简约，特色是将设计的元素、色彩、照明、原材料简化到最少，但对色彩、材料的质感要求很高。因此，简约的空间设计通常非常含蓄，往往能达到以少胜多、以简胜繁的效果（图 1-12）。其特征如下。

图 1-12　现代简约风格

（1）室内空间开敞、内外通透，在空间平面设计中追求不受承重墙限制的自由。

（2）室内墙面、地面、顶棚及家具陈设乃至灯具器皿等均以简洁的造型、纯洁的质地、精细的工艺为其特征。

（3）尽可能不采用装饰并取消多余的东西，认为任何复杂的设计、没有实用价值的特殊部件及任何装饰都会增加建筑造价，强调形式应更多地服务于功能。

2. 新中式风格

新中式风格是中式风格在现代意义上的演绎，体现了传统中式家居风格的现代生活理念。通过提取传统家居的精华元素和生活符号进行合理的搭配与布局，使整体的家居设计既有中式家居的传统韵味，又更多地符合了现代人居住的生活特点，让古典与现代完美结合，传统与时尚并存（图1-13）。其特征如下。

图1-13 新中式风格

（1）室内空间讲究对称，以阴阳平衡的概念调和室内生态，从而营造禅宗式的理性和宁静的环境。以中国传统古典文化作为背景，以瓷器、陶艺、中式窗花、字画、布艺、皮具及中式工艺品等元素体现浓郁的东方之美，营造极富中式浪漫情调的生活空间。

（2）室内空间讲究层次感，常采用中式的屏风或窗棂、中式木门、工艺隔断、简约化的博古架等元素作为空间分隔方式，使整体空间感更加丰富，大而不空、厚而不重，有格调又不显压抑，有层次之美。

（3）空间装饰多采用简洁硬朗的直线条。直线条在空间中的使用，不仅反映出现代人追求简单生活的居住要求，更迎合了中式家具内敛、质朴的设计风格，使新中式风格更加实用、更富现代感。

3. 美式乡村风格

美式乡村风格强调"回归自然"，摒弃烦琐和奢华，以舒适机能为导向，突出生活的舒适和自由。色彩以自然色调为主，绿色、土褐色最为常见；壁纸多为纯纸浆质地；家具颜色多仿旧漆，式样厚重；配饰多样，重视生活的自然舒适性，突出格调清婉惬意，外观雅致休闲。布艺、各种繁复的花卉植物是美式乡村风格中非常重要的元素，美式乡村风格也常运用天然木、石、藤、竹等材质质朴的纹理，巧于设置室内绿化，创造自然、简朴、高雅的氛围（图1-14）。其特征如下。

（1）风格特征：美式乡村风格带着浓浓的乡村气息，以享受为最高原则，在面料、沙发的材质方面，强调其舒适度。

（2）家居特征：美式家具的材质以

图1-14 美式乡村风格

白橡木、红橡木、桃花心木或樱桃木为主，线条简单，保有木材原始的纹理和质感。

（3）配饰特征：布艺是美式乡村风格中非常重要的元素，本色棉麻是主流，布艺的天然感与乡村风格能很好地协调。

4. 新古典风格

新古典风格开始于18世纪50年代，运用曲线、曲面，追求动态变化，"形散神聚"是新古典风格的主要特点。新古典风格从简单到繁杂、从整体到局部，精雕细琢，镶花刻金，都给人一丝不苟的印象。它一方面保留了材质、色彩的大致风格，可以使人很强烈地感受到传统的历史痕迹与浑厚的文化底蕴；另一方面，摒弃了过于复杂的肌理和装饰，简化了线条（图1-15）。其特征如下。

（1）讲求风格，在造型设计上不是复古，而是追求神似。

（2）用简化的手法、现代的材料和加工技术去追求传统样式的轮廓特点。

（3）注重装饰效果，用室内陈设品来增强历史文脉特色，往往照搬古典设施、家具及陈设品来烘托室内环境气氛。

图1-15　新古典风格

（4）白色、金色、黄色、暗红色是新古典风格中常见的主色调，糅合少量白色，使色彩看起来更加明亮。

5. 古典欧式风格

古典欧式风格以华丽的装饰、浓烈的色彩、精美的造型达到雍容华贵的装饰效果。其中代表风格是巴洛克风格、洛可可风格。涡卷与贝壳浮雕是其常用的装饰手法，雕刻丰富多彩，表面镶嵌贝壳、金属、象牙等，整体色彩较暗，表面采用漆地描金工艺，画出风景、人物、动植物纹样（受中国清朝描金漆家具的影响），有些家具雕饰上包金箔，顶部喜用大型灯池，并用华丽的枝形吊灯营造气氛；门窗上半部多做成圆弧形，并用带有花纹的石膏线勾边；室内有真正的壁炉或假的壁炉造型；墙面用高档壁纸或优质乳胶漆，以烘托豪华效果（图1-16）。其特征如下。

图1-16　古典欧式风格

（1）在造型上，以欧式线条勾勒出不同的装饰造型，气势恢宏、典雅大气。

（2）在材质上，采用仿古地砖、欧式壁纸、大理石等，强调稳重、华贵与舒适。

（3）在色彩上，运用明黄、米白等古典常用色来渲染空间氛围，营造出富丽堂皇的效果。

（4）在家具配置上，采用厚重的家具，气质沉稳高贵，细节雕刻精美，洋溢着古典的稳重与华丽。

6. 地中海风格

地中海风格因富有浓郁的地中海人文风情和地域特征而得名。地中海风格是最富有人文精神和艺术气质的装修风格之一。它通过空间设计上的连续拱门、马蹄形窗等来体现空间的通透性，用栈桥状露台、开放式功能分区体现开放性，通过开放性和通透性的建筑装饰语言来表达自由精神内涵；通过采取天然的材料，来体现向往自然、亲近自然、感受自然的生活情趣，进而表达自然思想内涵；通过以海洋的蔚蓝色为基色调的色彩搭配、自然光线的巧妙运用、富有流线及梦幻色彩的线条等软装特点来表述其浪漫情怀。因此，自由、自然、浪

图 1-17 地中海风格

漫、休闲是地中海风格的精髓（图 1-17）。其特征如下。

（1）在建筑特色上，采用连续的拱廊与拱门、陶砖、海蓝色的屋瓦和马蹄状的门窗。

（2）在装饰手法上，采用自然的原木和天然的石材来营造浪漫自然。地面则多铺赤陶或石板；在室内，窗帘、桌巾、沙发套、灯罩等均以低彩度色调的棉织品为主；素雅的格子花纹图案、独特的锻打铁艺家具，是地中海风格独特的美学产物。

（3）在颜色搭配上，以蓝色、白色、黄色为主色调，看起来明亮悦目。

7. 东南亚风格

东南亚风格是一种结合东南亚民族岛屿特色及精致文化品位的家居设计方式，多适宜喜欢静谧与雅致、奔放与脱俗的装修业主。其家居设计最大的特点是来自热带雨林的自然之美和浓郁的民族特色。

东南亚风格广泛地运用木材和其他天然原材料，如藤条、竹子、石材、青铜和黄铜，深木色的家具，局部采用金色的壁纸、丝绸质感的布料，灯光的变化体现了稳重及豪华感（图 1-18）。其特征如下。

（1）取材自然，原汁原味。家具的设计崇尚自然、原汁原味，以水草、海藻、木皮、麻绳、椰子壳等粗糙、原始的纯天然材质为主，带有热带丛林的感觉，往往抛弃复杂的装饰线条，而代之以简单整洁的设计，为家具营造清凉舒适的感觉。

图 1-18 东南亚风格

（2）色彩搭配，斑斓高贵。明黄、果绿、粉红、粉紫等香艳的色彩化作精巧的靠垫或抱枕，与原色系的家具相衬，香艳的更加香艳，沧桑的更加沧桑。艳丽华贵的色彩、别具一格的东南亚元素，使居室散发着淡淡的温馨与悠悠禅韵。

（3）精美饰品，独特品质。醒目的大红色东南亚经典漆器，金色、红色的脸谱，金属材质的灯饰，如铜制的莲蓬灯、手工敲制出具有粗糙肌理的铜片吊灯，这些都是具有民族特色的点缀，能让空间散发出浓浓的异域气息，同时，也可以让空间禅味十足，映射出哲理。

8. 日式风格

日式风格又称和风、和式。其特点大多以碎花和典雅的色调为主，设计中色彩多偏重原木色，以及竹、藤、麻和其他天然材料颜色，形成朴素的自然风格。

传统的日式家居将自然界的材质大量运用于居室的装修、装饰，不推崇豪华奢侈、金碧辉煌，以淡雅节制、深邃禅意为境界，重视实际功能。

日式风格受日本和式建筑的影响，讲究空间的流动与分隔，流动则为一室，分隔则分为几个功能空间，总能让人静静地思考（图 1-19）。其特征如下。

图 1-19　日式风格

（1）家具清新自然、简洁独特。家具一般采用清晰的线条，使居室的布置带给人清新的感觉，并有较强的几何立体感，如日式推拉格栅、传统日式茶桌、榻榻米等。

（2）庭院景观，极致精炼。日本庭院深受中国文化的影响，是中式庭院的精巧的微缩版本，细节上的处理是日式庭院最精彩的地方。静穆、深邃、幽远的枯山水，白砂一片，青石上生长着绿苔，白墙上婆娑着竹影，这是亦自然亦人工的境界，也是对自然的提炼。

◉ 任务小结 ···◉

1. 室内设计行业发展趋势

回归自然化；整体艺术化、现代化；绿色环保化；设计个性化。

2. 室内空间设计八大风格

现代简约风格、新中式风格、美式乡村风格、新古典风格、古典欧风格、地中海式风格、东南亚风格、日式风格。

◉ 课后练习 ···◉

简述题

1. 简述现代室内设计的代表人物及代表作品。

2. 简述室内空间设计八大风格及其特征。

教学视频 1-2
室内设计风格认知

任务 1.2　住宅认知

任务目标

1. 了解居住建筑的分类；
2. 熟知住宅户型的分类；
3. 掌握住宅空间中常见的建筑结构。

任务重难点

1. 辨识居住建筑室内设计的分类及户型分类；
2. 了解住宅户型的结构类型与实际应用。

任务知识点

庄周说："古者禽兽多而人少，于是民皆巢居以避之。昼拾橡栗，暮栖木上，故命之曰有巢氏之民。"这就是早期住宅的雏形。人因宅而立，宅因人而存，人宅相通，感应天地。漫漫历史演进到今天，住宅早已远远超出了单纯的"生存"意义，而是追求"以人为本"的生活质量和居住环境，以全面满足人的生理、心理需要为目的。

1.2.1　建筑住宅的分类

建筑住宅的种类很多，分类的依据不同，划分种类也不同。

建筑住宅按使用功能和性质可分为居住建筑、公共建筑、工业建筑和农业建筑；按楼体高度可分为低层、多层、小高层、高层、超高层等；按楼体结构形式可分为砖木结构、砖混结构、钢混框架结构、钢混剪力墙结构、钢结构等。

下面重点介绍居住建筑和公共建筑。

1. 居住建筑

居住建筑是指提供家庭和集体生活起居用的建筑物。其主要包括单元式住宅、公寓式住宅、别墅式住宅、集体宿舍。

（1）单元式住宅。单元式住宅又称为梯间式住宅，是以一个楼梯为几户服务的单元组合体，一般为多、高层住宅所采用。住户由楼梯平台直接进入分户门，每个楼梯的控制面积就成为一个居住单元（图1-20）。

（2）公寓式住宅。公寓式住宅是相对于独院独户的西式别墅住宅而言的。公寓式住宅一般建造在大城市，大多数是高层大楼，标准较高，每层内有若干单户使用的套房，包括卧室、客厅、浴室、厕所、书房、阳台等，还有一部分附设于旅馆、酒店内，供往来的客商及家眷中短期租用（图1-21）。

（3）别墅式住宅。别墅按建筑形式通常分为独栋别墅、双拼别墅、联排别墅、空中别墅等，一般都是带有花园、草坪和车库的独院式平房或两三层小楼，建筑密度很低，内部居住功能完备，装修豪华并富有变化，住宅水、电、暖供给一应俱全，户外道路、通信、购物及绿化都有较高的标准（图1-22）。

（4）集体宿舍：集体宿舍是一个集休息、娱乐、学习、工作于一体的多功能空间。其既具有集体性，又具有一定的私密性，必须平衡好各种关系才能保持和谐的环境（图1-23）。

图 1-20 单元式住宅　　　　　　　　　　　　　　图 1-21 公寓式住宅

图 1-22 别墅式住宅　　　　　　　　　　　　　　图 1-23 集体宿舍

2. 公共建筑

公共建筑为人们提供了进行各种社会活动所需要的公共生活空间，在建造中需要保证公众使用的安全性、合理性和社会管理的标准化。它除了要满足技术条件外，还必须严格地遵循一些标准、规范与限制。公共建筑的类型包括商业建筑、展览建筑、办公建筑、医疗建筑、旅游建筑、文教建筑、体育建筑、科研建筑、交通建筑、观演建筑等，具体见表 1-1。

表 1-1　公共建筑的类型及设计范围

序号	公共建筑类型	室内设计范围
1	商业建筑	商场、商店、超市、餐饮店
2	展览建筑	美术馆、展览馆、博物馆
3	办公建筑	各类办公楼营业厅（办公室、会议室等）
4	医疗建筑	医院、诊所、疗养院
5	旅游建筑	宾馆、酒店、旅店、游乐场
6	文教建筑	幼儿园、学校、图书馆
7	体育建筑	体育馆、游泳馆
8	科研建筑	机房、实验室
9	交通建筑	车站、港口、候机楼
10	观演建筑	影剧院、大会堂、音乐厅

（1）商业建筑。商业建筑是城市公共建筑中量最大、面最广的建筑，并且广泛涉及居民的日常生活，是反映城市物质生活和精神文化风貌的窗口。其室内空间设计以激发消费者的购物欲望和方便购物为原则，具有良好的声、光、热、通风等物理环境和得当的视觉指示引导（图1-24）。

（2）展览建筑。展览建筑是一个国家经济发展水平、社会文明程度的重要体现，承载着人们对城市和历史的记忆与理解。在深入研究展览建筑的文化性、艺术性以及功能要求的基础上，还要考虑建筑形态与周边环境的融合。展览建筑空间布置合理、参观路线清晰，能很好地引导参观者的走向。应充分利用建筑的自身特点来最大限度地满足展览的功能要求和参观者的使用要求（图1-25）。

图 1-24　商业建筑　　　　　　　　　图 1-25　展览建筑

（3）办公建筑。办公建筑是现代都市中富有设计特色和科技含量的代表性建筑。办公建筑室内各类用房的布局、面积比、综合功能，以及安全疏散等方面的设计都应当根据办公楼的使用性质、建筑规模和相应标准来确定。现代办公建筑更趋向于重视办公空间的舒适感及和谐氛围的处理，而新形式办公方式的出现也促使办公建筑新设计的形成（图1-26）。

（4）医疗建筑。满足医疗功能和先进医疗设备技术的要求，以人为本，营造医护人员治疗、病人休养的生活环境，是医疗建筑设计的重点。这不仅让病人得到心理上的慰藉，还树立起良好的自身形象（图1-27）。

图 1-26　办公建筑　　　　　　　　　图 1-27　医疗建筑

（5）旅游建筑。旅游建筑具有环境优美、交通方便、服务周到、风格独特等特点。在设计上应具备现代化设施，并能反映民族特色和地方风格，以及具有浓郁的乡土气息，使游客在旅游过程中不仅有舒适的感受，还可以了解地方特色，丰富旅游生活（图1-28）。

（6）文教建筑。文教建筑是"育人"场所，它要体现文化性的特点。在满足教育功能的同时，需进一步注重育人环境的营造，针对不同年龄段的人群主体，创造不同层次的育人环境。在设计中以不同的建筑布局、空间组织、色彩运用等手法，融安全性、教育性、艺术性为一体，体现出人文精神、时代特点和独特风格。文教建筑包括幼儿园、学校、图书馆等（图1-29）。

图1-28 旅游建筑

图1-29 文教建筑

（7）体育建筑。随着社会经济的发展和人民生活水平及生活质量的提高，人们对健身、休闲提出了更高的要求，体育建筑进入一个新的建设高潮期。体育建筑的设计应根据其类别、等级、规模、用途和使用特点，重点定位为标识引导系统、安全性控制标准化系统、色彩系统、照明系统、视线控制、装饰的持久性、无障碍设计及商业运营等几个方面。同时，应确保其使用功能、安全、卫生、技术等方面达标（图1-30）。

（8）科研建筑。科研建筑包括研究所、科学实验楼等。科研建筑的设计既要满足使用者对建筑空间的功能需求，也要考虑使用者的精神需求。宜人的建筑空间设计对于改善科研人员的工作状态，激发科研人员的灵感有着积极的作用（图1-31）。

图1-30 体育建筑

图1-31 科研建筑

（9）交通建筑。交通建筑是人员密集的公共场所，包括车站、候机楼、港口等。交通建筑的设计应遵循简捷、健康、安全、环保的原则。车站入口、通道、站厅、站台、地铁站空间的组织布局都应该简洁、明确，方便旅客识别。室内空间组织、界面处理和设施配置等方面也应有利于人们的身心健康（图1-32）。

（10）观演建筑。观演建筑是人们文化娱乐的重要场所，包括电影院、剧场、杂技场、音乐厅等。观演建筑的设计应具有良好的视听条件，能够创造高雅的艺术氛围，并且建立舒适、安全的空间环境（图1-33）。

图1-32　交通建筑　　　　　　　　　　图1-33　观演建筑

1.2.2　住宅户型分类

户型又称房型，是住房的结构和形状。房型随着人们生活水平的提高及各住户的生活需求、经济条件的不同而千变万化。

1. 按居室数量分类

住宅户型按居室数量可分为一居室、二居室、三居室、多居室等。

2. 按厅、卫数量分类

住宅户型按厅、卫数量可分为一室一厅一卫、两室一厅（两厅）一卫、三室两厅二卫（一卫）、四室两厅两卫等。

一室是指卧室；一厅是指客厅，没有独立的餐厅空间；两厅是指客厅和餐厅；一卫表示只有一个公共卫生间；两卫是指一个公共卫生间和一个主卧卫生间。

3. 按建筑形式分类

住宅户型按建筑形式可分为平层户型、复式户型、跃层户型、错层户型、阁楼、独栋别墅。

（1）平层户型。平层户型又称单平面层户型，是指一套房屋的厅、卧、卫、厨等所有房间均处于同一层面上。平层是应用最广的户型形式，其最大优点在于所有功能都在同一平面上，因此，它是最经济的户型，同时也是无障碍户型；其缺点在于室内空间不够丰富，建筑外形比较单调，层高一般在2.8m左右。

（2）复式户型。复式户型在概念上是一层，并不具备完整的两层空间，只是两层间有一个一楼直通二楼顶的互通空间（一般是客厅，客厅顶直通二楼顶，层高达5m以上），从楼下能看到楼上的走廊和栏杆。在结构上是按两层楼的结构来做的，在房产面积中，计算两层的面积，一楼直通二楼顶的公共空间只算计一层面积（图1-34）。

（3）跃层户型。跃层户型是一套住宅占两个楼层，有内部楼梯联系上、下层，卧室、客厅、卫生间、厨房及其他辅助用房可以分层布置，上、下层之间的交通不通过公共楼梯而采用户内独用小楼梯连接。一般在首层安排起居、厨房、餐厅、卫生间，最好有一间卧室，二层安排卧室、书房、卫生间等。其优点在于动静区域可以分布在不同的平面层上，避免了卧室易受起居室干扰的问题；其缺点在于楼梯占用户内面积（图1-35）。

图 1-34　复式户型　　　　　　　　　图 1-35　跃层户型

（4）错层户型。错层户型是指房子各个功能区不完全处于同一平面上，即房内的客厅、卧室、卫生间、厨房、阳台处于几个高度不同的平面上。其建筑特点是"静态"与"动态"相结合，用30～60 cm的高度差（3～7步楼梯）进行空间隔断。人站立在第一层面平视可看到第二层面乃至第三层面（图1-36）。

（5）阁楼。阁楼是指位于房屋坡屋顶下部的房间。建造时利用屋盖空间搭建，符合规定的高度要求（室内净高最高达到2.2 m以上），有固定的楼梯、门、窗（含老虎窗、天窗）。不符合上述条件的阁楼不计算使用面积，也不计算建筑面积。阁楼可用于储藏、办公、住人或作为摄影棚，阁楼是最好的私密空间（图1-37）。

（6）独栋别墅。独栋别墅即独门独院，上有独立空间，中有私家花园领地，下有地下室，是私密性很强的独立式住宅。表现为上、下、左、右、前、后都属于独立空间，一般房屋周围都有面积不等的绿地、院落、游泳池、亭子、篮球场等。其私密性强，市场价格较高，定位多为高端品质（图1-38）。

教学视频 1-3
室内户型的类型

图 1-36　错层户型

图 1-37　阁楼　　　　　　　　　　图 1-38　独栋别墅

1.2.3　住宅户型结构、细节部位分析

住宅户型作为设计师艺术表达能力的载体，有其自身的特点或专属于它的特定术语，如梁、柱、承重结构等。优秀的室内设计师必须掌握这些特性，才能设计出更好的作品。

1. 梁

梁是指水平方向的长条形承重构件。在木结构屋架中专指顺着前后方向架在柱子上的长木。木构梁架是我国古建筑发展的主流，梁架最主要的作用是承重。在北方的木结构建筑中，多做平直的梁，而南方的做法是将梁稍加弯曲，形如月亮，故称为月梁。现代建筑对承重结构的要求很高，当今的建筑基本采用钢筋混凝土现浇梁架和钢构梁架（图 1-39）。

（a）   （b）

图 1-39 木质梁和钢筋混凝土现浇梁

（a）木质梁；（b）钢筋混凝土现浇梁

2. 柱

柱是建筑物中垂直的主结构件，承托在其上方物件的重量。在中国建筑中，横梁直柱、柱阵列负责承托梁架结构及其他部分的重量，在主柱与地基间，常建有柱基础。另外，也有其他较小的柱，不置于地基之上，而是置于梁架上，以承托上方物件的重量，再透过梁架结构将重量传递至主柱之上。如脊瓜柱或蜀柱，是在梁架之上承托部分屋檐的重量。

按所用材料，柱可分为石柱、砖柱、砌块柱、木柱、钢柱、钢筋混凝土柱、劲性钢筋混凝土柱、钢管混凝土柱和各种组合柱。中国古代的柱子多数为木造，间有石柱，为防水、防潮，木柱下垫以石质柱基础。现代建筑多用钢筋混凝土柱和钢柱。

3. 承重墙 / 非承重墙

承重墙是指支撑着上部楼层重量的墙体，在工程图上为黑色墙体，打掉它会破坏整个建筑结构；非承重墙是指不支撑上部楼层重量的墙体，只起到将一个房间和另一个房间隔开的作用，在工程图上为中空墙体，此墙对建筑结构没有大的影响。

一般来说，砖混结构房屋的所有墙体都是承重墙；框架结构房屋内部的墙体一般都不是承重墙。当然具体到房屋结构本身，判断其是否为承重墙，应仔细研究原建筑图纸并到现场实际勘察后才能确定。

4. 剪力墙

剪力墙又称为抗风墙或抗震墙、结构墙。剪力墙上房屋或构筑物中主要承受风荷载或地震作用引起的水平荷载和竖向荷载（重力）的墙体，防止结构剪切破坏。

剪力墙可分为平面剪力墙和筒体剪力墙。平面剪力墙用于钢筋混凝土框架结构、升板结构、无梁楼盖体系，现浇剪力墙与周边梁、柱同时浇筑，整体性好；筒体剪力墙用于高层建筑、高耸结构和悬吊结构，由电梯间、楼梯间、设备及辅助用房的间隔墙围成，筒壁均为现浇钢筋混凝土墙体，其刚度和强度较平面剪力墙高，可承受较大的水平荷载。其具有以下几个特点。

（1）剪力墙不能随便拆除，拆除会带来建筑物的安全隐患。除剪力墙外的一般墙体，如填充墙、轻质隔墙可以拆除。

（2）剪力墙是用混凝土浇筑而成的，并且有配筋；填充墙是用空心砖砌成的，只起着围护和分隔空间的作用。

（3）剪力墙常见于10层以上的建筑物，特别是电梯间的墙，还有楼房边角处较为完整的墙体（门窗洞口较少）；10层以下的建筑一般没有剪力墙（图1-40）。

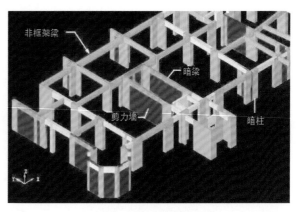

图1-40 剪力墙

5. 门

门是指建筑物的出入口，是家装门、户外门的统称，有"室内门"和"室外门"之分。室内门是指安装在室内房间入口的门，是所有房间门的总称；室外门即入户门、进户门，就是通常所说的防盗门、安全门等。

门具有划分空间、加强防盗、美化空间及通道的作用。按开启方式可将门分为平开门、隐形门、折叠门、弹簧门和推拉门5种（图1-41）。

  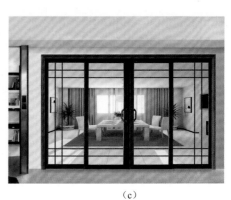

（a）　　　　　　　　（b）　　　　　　　　（c）

图1-41 门

（a）平开门；（b）隐形门；（c）推拉门

6. 窗

窗是建筑构造物之一，用于采光、通风或观望等。外墙上的窗一般还有隔声、保温、隔热和装饰等作用，内墙上的窗多为间接采光、观察而设。窗扇的开启形式应方便使用、安全、易于清洁，高层建筑宜采用推拉窗和内开窗，当采用外开窗时应有牢固窗扇的措施。开向公共走道的窗扇，其底面高度应不低于2 m，窗台低于0.8 m时应采取保护措施。

窗户按外形的不同可分为平开窗、落地窗、飘窗（图1-42）。

（a）　　　　　　　　　　　　　　　　（b）

图1-42 窗

（a）平开窗；（b）落地窗

7. 空调户外机位、空调孔

空调户外机位即放置空调户外机的位置。现在的商品住宅楼在修建时，都会为每个会用到空调的空间预留空调户外机位。整栋楼从第一层到最高层所有空调户外机位都在相同位置，便于排水系统的设计，保持建筑外观的统一美观性。空调户外机位一般会设置在距离窗户较近的地方或飘窗窗台下，以方便维修（图1-43）。

空调户外机和户内机是通过铜管连接的，空调孔就是铜管穿过的位置。一般情况下，毛坯房都会预留空调孔。空调孔不可随意改动或移位。

图 1-43　空调户外机位

8. 阳台

阳台是建筑物室内空间的延伸，是居住者接受光照、呼吸新鲜空气、进行户外锻炼、纳凉、晾晒衣物的场所。

（1）按结构可分为悬挑式、嵌入式、转角式3类。

（2）按封闭形式可分为开放式阳台和封闭式阳台（图1-44）。

（3）按用途可分为功能性阳台和休闲性阳台。功能性阳台通常用于晾晒衣物、办公学习等；休闲性阳台主要供业主休憩、健身娱乐。

（a）　　　　　　　　　　　　　　　　　　（b）

图 1-44　阳台

（a）开放式阳台；（b）封闭式阳台

9. 楼宇对讲系统

楼宇对讲系统即在多层或高层建筑中实现访客、住户和物业管理中心相互通话，进行信息交流并实现对小区安全出入通道控制的管理系统。楼宇对讲系统具有连线少、户户隔离不怕短路、户内不用供电、待机状态不耗电、不用专用视频线、稳定性高、性能可靠、维护方便等特点（图1-45）。

图 1-45　楼宇对讲系统

图 1-46 厨房结构

10. 厨房结构

厨房是指可在内准备食物并进行烹饪的房间。一个现代化的厨房常有的设备包括炉具（电磁炉、微波炉或烤箱）、流理台（洗碗槽或洗碗机）及储存食物的设备（如冰箱）。

在毛坯房结构中，可通过观察下水管道、燃气管道、燃气表、烟道的位置来判断厨房位置（图 1-46）。

11. 卫生间结构

卫生间就是厕所、洗手间、浴池的合称。住宅的卫生间一般有专用和公用之分。专用的只服务于主卧室；公用的与公共走道连接，由其他家庭成员和客人共用。目前比较流行的是干湿分区的半开放式卫生间（图 1-47）。

12. 集成吊顶

集成吊顶是 HUV 金属方板与电器的组合，分为扣板模块、取暖模块、照明模块、换气模块。其具有安装简单、布置灵活、维修方便的优点，成为卫生间、厨房吊顶的主流。为改变吊顶色彩单调的不足，集成艺术吊顶正成为市场的新潮。

集成吊顶的核心理念即"模块化，自组式"，就是将一个产品拆分为若干模块，然后对各个模块进行单独开发，最大限度地优化其功能，再组合为一个新的体系。取暖模块、照明模块、换气模块可合理排布，它们的每个细节都是经过精心设计、专业安装而成的，其线路布置也经过严格的设计测试，非常人性化（图 1-48）。

教学视频 1-4
户型结构部位分析

教学视频 1-5
室内细节部位分析

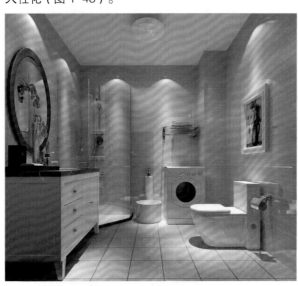

图 1-47 卫生间结构

图 1-48 集成吊顶

◉ 任务小结

1. 建筑住宅按使用功能和性质可分为居住建筑、公共建筑、工业建筑和农业建筑。

2. 居住建筑主要可分为住宅、公寓、别墅、宿舍。

3. 住宅户型按照建筑形式可分为平层户型、复式户型、跃层户型、错层户型、阁楼、独栋别墅。

◉ 课后练习

1. 多项选择题

（1）室内窗户的类型有（   ）。

　　A. 天窗　　　　B. 推拉窗　　　　C. 落地窗　　　　D. 平开窗

（2）室内入户门（防盗门）按类型可分为（   ）。

　　A. 平开门　　　B. 子母门　　　　C. 对开门　　　　D. 推拉门

（3）厨房的功能分区有（   ）。

　　A. 存贮区　　　B. 洗涤区　　　　C. 备餐区　　　　D. 烹饪区

（4）家庭的卫生间应具有的主要功能区有（   ）。

　　A. 如厕　　　　B. 洗浴　　　　　C. 盥洗台　　　　D. 以上都不对

（5）阳台的休闲功能有（   ）。

　　A. 养花　　　　B. 品茶　　　　　C. 健身空间　　　D. 儿童房

（6）阳台的使用功能有（   ）。

　　A. 储物　　　　B. 晾衣　　　　　C. 儿童房　　　　D. 书房或小餐厅

（7）室内空间按照居室数量可分为（   ）。

　　A. 一居室　　　　　　　　　　　B. 两居室

　　C. 三室两厅一卫（两卫）　　　　D. 四室两厅两卫

（8）室内户型按建筑形式可分为（   ）。

　　A. 三居室　　　B. 多居室　　　　C. 平层户型　　　D. 跃层户型

2. 实操练习

（1）内容：根据分组情况，分别参观样板房和毛坯房，现场辨识住宅结构。

（2）要求：小组成员相互协作，以入户门为起点，依次参观顶面、墙面、地面，特别要留意细部结构，如门、窗、阳台、柱子、梁等。对参观的空间进行拍照记录，并在照片里标注所拍摄的结构名称，以小组为单位，制作 PPT 进行展示。

项目2 住宅测量

项目导学

九层之台，起于垒土；千里之行，始于足下。走好装修第一步，正确量房是关键。量房是设计师岗位重要的基本职业技能，设计师要遵循客户至上、精益求精的原则，在量房过程中要注意操作规范、数据准确、细致严谨。

1. 通过量房前的准备，了解行业中对设计师职业规范的要求，提升职业认同感。

2. 通过量房技能的学习，感受工作的严谨性和团队协作的重要性。

任务 2.1 测量准备

任务目标

1. 了解测量前各项准备工作内容；
2. 熟知住宅各种测量工具；
3. 能正确使用测量工具。

任务重难点

1. 正确、熟练地使用测量工具；
2. 掌握激光测距仪的使用方法和技巧。

任务知识点

量房的重点不在于测量房间的各种尺寸，而在于与客户进行深入的沟通。与客户沟通的要求是塑造良好的专业形象、时时掌握主动、掌握一定的沟通技巧和事前进行充分的准备。

2.1.1 专业形象

专业形象包括 3 个方面：一是外在形象要专业；二是商业礼仪要专业；三是沟通的内容要专业。总之要让客户感觉你就是家装的专家，让他信服你。

1. 外在形象要专业

住宅设计不是纯粹的艺术，而是一种商业活动。所以，设计师应该保持头发的整齐、面容的整洁、服装的得体。最好的形象是职业形象，可以穿着工作服，佩戴胸卡或胸牌。女性设计师要化淡妆，带着公司的手提袋，内放相关的资料或文件。职业形象给人以干净利落的感觉，而且能很快带领客户进入职业状态（图 2-1）。

2. 商业礼仪要专业

室内设计师要塑造良好的形象，除了穿戴得体外还须讲究礼貌、礼节，避免各种不礼貌、不文明的举动。走路的姿势要端庄，面见客户时，应该点头示意并面带微笑，说话声音亲切悦耳，语气不卑不亢；接着安排客户先坐下，在客户未坐下之前，不要自己先坐下；在坐下后坐姿要端正，身体略微往前倾，切记不可以跷"二郎腿"；当

图 2-1 干净利索的职业装

站立时，腰板一定要挺直，上身要稳定；分别时主动和客户握手（图 2-2）；在送别客户、客户起身或离开时，需同时起立示意，将客户送到大厅门口，并挥手告别。

3. 沟通内容要专业

专业沟通体现在专业词汇和家装知识普及两个方面。设计师要尽量使用专业的家装术语，当客户不懂时，可以用通俗语言来解说，杜绝使用方言。

设计师可以专门对客户普及家装知识，也可以在沟通中普及，这要视现场的情况而定。通过设计风格、空间、功能、色彩、施工流程等多方面的专业知识表述，塑造自己的专业形象。

图 2-2 商务礼仪

2.1.2 量房准备

量房是设计的第一步。面对客户时，如何抓住客户的心态，快速建立客户的信任，前期的充分准备非常关键，是取得成功的必要途径。设计师应该从住宅户型图、设计方案、沟通内容 3 个方面进行准备。

1. 住宅户型图

量房前记得携带好房屋图纸。在平时收集、分析相关楼盘的户型图，对户型的优点、缺点都熟记于心，提前做好改进方案，遇有客户来访或量房时，拿出此户型图集，就可以直接与客户进行沟通，此时客户的信任度和成交率大大提高。同时，了解房屋所在的小区物业对房屋装修的具体规定，例如，在水电改造方面的具体要求是什么、房屋外立面是否可以拆改、阳台窗能否封闭等，以避免带来不必要的麻烦。

2. 设计方案

针对同一种户型，能提前设计出多种不同的方案，客户提出的要求（如门厅鞋柜的摆放、门洞过小、卫生间要干湿分区等）能够快速解答并有多种解决方案，让客户觉得公司和设计师很专业，装修非你莫属。

3. 沟通内容

提前设定好沟通的内容，制作好客户住宅设计需求表。可以先从客户感兴趣的方面入手，如业主的工作、对这个房子的构想、家里有几口人、有没有什么特殊要求、比较偏向哪种风格、墙壁是否可以做改动等，首先让客户消除戒备心理，填写好住宅设计需求表。

设计师也可以带领客户就每个空间的功能、色彩、缺陷的改进、装饰方案逐一进行分析，也可以从门窗套、吊顶、储藏柜、室内照明、采暖、空调、水电路改造等说起。再根据客户的穿着、神情、言谈举止，就能猜出大致的消费能力、装修预算等。

2.1.3 测量工具认知

在测量住宅空间尺寸时，常用的工具有以下几种。

教学视频 2-1
量房前期准备

教学视频 2-2
量房沟通内容

1. 卷尺

卷尺，是居家测量尺寸的必备量具。大家经常看到的是钢卷尺（图 2-3），建筑工程和装修工程中常用的除钢卷尺外，还有纤维卷尺、皮尺（图 2-4）、鲁班尺等。

卷尺有 2 m、3 m、5 m、7.5 m、10 m、20 m 等规格；皮尺有 20 m、30 m、50 m 等规格；软钢卷尺有 2 m、3 m、5 m、7 m 等规格。

卷尺主要由外壳、尺条、制动、尺钩、提带、尺簧、防摔保护套和贴标 8 个部件构成。

钢卷尺主要用于家装空间测量及小型空间测量；皮尺主要用于大型空间及公共空间的测量。

图 2-3　钢卷尺

图 2-4　皮尺

2. 激光测距仪

卷尺在测量长距离及测量层高时容易存在误差，而且存在劳动强度大、工作繁杂等缺点，于是激光测距仪（图 2-5）应运而生，其是目前使用最为广泛的测距仪，受到广大设计公司和设计师的喜爱。激光测距仪可分为手持式激光测距仪（测量距离为 0 ～ 300 m）和望远镜激光测距仪（测量距离为 500 ～ 3 000 m）。其优点是使用简便、测量精度高（3 mm 精度）、工作效率高（可非接触测量）、测量结果准确。

图 2-5　激光测距仪

3. 建筑用量角器

建筑用量角器（图 2-6）主要用于不规则空间两面墙体之间的角度测量。在房屋测量中，常规的测量使用卷尺或激光测距仪就可以满足要求，但是测量不规则的户型时，会出现测量夹角度数的问题，卷尺和电子测距仪就派不上用场，在量房过程中随身携带一个建筑用量角器，在测量不规则户型时会事半功倍。

4. 笔

在量房工具的准备中，需要准备两种不同颜色的笔，主要用于在绘制量房草图时进行标注，防止错乱。

图 2-6　建筑用量角器

5. 相机

量房人员在量房时还需要拍摄现场照片，这样有助于设计师在后期设计时更清晰了解房屋结构，更好地把握整体空间，从而提高设计的准确性。

6. 其他工具

在量房过程中，如果业主额外需要设计师在量房过程中帮忙检验房屋的建筑质量，或者进行二手房改造，就需要携带一些基本的建筑检测工具。空鼓锤（图 2-7）主要用于检测墙面或地面的空鼓情况；靠尺（图 2-8）主要用于检测墙面、地面是否平整。

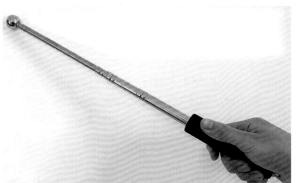

图 2-7　空鼓锤

图 2-8　靠尺

◉ 任务小结

1. 量房过程中专业形象包括 3 个方面：一是外在形象要专业；二是商业礼仪要专业；三是沟通的内容要专业。

2. 设计师在量房时可以携带户型集、设计作品集、家装调查表、相册等。

3. 常用测量工具为卷尺、激光测距仪、建筑用量角器、笔（两种颜色）、相机。

◉ 课后练习

简述题

1. 简述量房前期准备的内容。

2. 常用的测量工具有哪些？

任务 2.2　测量方法和技巧

任务目标

1. 能灵活运用量房的测量方法；
2. 熟练应用量房的各种技巧；
3. 掌握量房的各种注意事项。

任务重难点

1. 量房的 3 种测量方法；
2. 量房的 5 个技巧。

任务知识点

走好装修第一步，正确量房是关键。只有对房间各个地方的尺寸都了如指掌，才能更好地进行接下来的装修设计、制订预算方案等工作。灵活运用量房的测量方法和技巧，可以轻松解决装修难题。

2.2.1　量房的测量方法

（1）定量测量。定量测量主要是测量各厅室内的长、宽、高，计算出每个用途不同的房间的面积，并根据业主喜好与日常生活习惯提出合理的建议。

长、宽的测量方法：先将大拇指按住卷尺头，再将卷尺平行拉出，拉至测量的宽度即可，如图 2-9 所示。

梁的测量方法：先将卷尺平行拉伸，弯曲卷尺使其形成"TT"形并移至梁底部将其顶住，注意梁单边的边缘与卷尺整数值平齐，再依次推算梁宽的总值（图 2-10）。

图 2-9　使用卷尺测量长和宽　　　　　　图 2-10　使用卷尺测量梁

（2）定位测量。在这个环节的测量中，主要标明门、窗、空调孔的位置，窗户需要标量数量。在厨卫的测量中，落水管的位置、孔距、马桶坑位孔距、与墙距离、烟管的位置、煤气管道位置、管下距离、地漏位置都需要做出准确的测量，以便在设计中准确定位（图 2-11）。

图 2-11　需要测量的点位

（3）高度测量。在正常情况下，房屋的高度应当是固定的，但由于各个房屋的建筑、构造不同，可能会有一定的落差，设计师在进行高度测量时，要仔细查看房间每个区域的高度是否出现落差，以便在绘制设计图纸时做到准确无误。

高度的测量方法：将卷尺头部顶至吊顶，用大拇指按住卷尺，再用膝盖顶住卷尺往下压，最后将卷尺往地板延伸即可（图 2-12）。

量房时往往需要一个小组的成员相互配合才能完成拉尺、测量、记录等工作，在学习的过程中，要养成团队合作的好习惯。

图 2-12　使用卷尺测量高度

2.2.2　量房的技巧

量房的技巧按动作可分为量、看、摸、照、问。

1. 量——量出具体数据

测量各个房间墙和地面的长、宽、高，墙体及梁的厚度，门窗高度及距离墙高度。

（1）查看所有的房间，了解房型结构；

（2）在纸上画出大概的平面（这个平面只用于记录具体的尺寸）；

（3）从入户门开始进行房间测量，并将测量的每个数据记录到平面中相应的位置。

2. 看——查看相关位置

要查看各种管道、暖气、煤气、地漏、强弱电箱，并标注具体位置。具体应涵盖包完上、下水管道后的位置，坐便器下水的墙距，地漏的具体位置，暖气的长、宽、高度（图 2-13）。

教学视频 2-4
测量工具使用

图 2-13　需要重点查看的位置

3. 摸——触摸墙体表面

原墙面的基层处理直接关系到后期施工项目及施工质量，有经验的设计师可以通过目测、摸墙等方式来判断基层处理的质量，以及是否需要进行重新处理（图 2-14）。

4. 照——拍照留存底档

为了对整个空间有更好的把握，最好在量房时能够拍照作为留底，这有利于后期设计的准确性（注意梁、柱的位置）（图 2-15）。

5. 问——与业主交流沟通

量房时，设计师应与业主进行初步的沟通和交流，了解业主对房屋的构想和在功能区使用方面的要求，并根据现场情况初步判断业主想法的可行性（图 2-16）。

图 2-14　观察墙体表面

测量和绘制量房草图需要有严谨的职业态度，只有细心观察、认真记录才能更好地完成任务，以便在后期的设计图纸中做到准确无误。

图 2-15　重点位置拍照留底

图 2-16　与业主交流沟通

2.2.3 量房的注意事项

1. 将准备工作做实

（1）观察房屋的具体结构，并与设想的装修风格对应，看是否能够按照设想进行装修。如地中海风格的装修，需要在墙壁上凿开一些半拱形的窗户，这时就要了解哪些是承重墙、阳台的结构是否适合改造等。

（2）如果业主时间充足，最好能选择同一天不同的时间点，去房子里感受不同时段内的采光效果、噪声情况等，这样更有利于对各个房间的功能划分进行理性规划。

（3）了解业主对家具摆设的初步想法，进行详细的测量，看各处摆放何种尺寸和造型的家具更合适，并提出合理的建议。

2. 关注细节处理

（1）除各个房间必需的一些水管和电路需要测量外，水表、燃气表和下水管的位置也需标注清楚，如果房主想额外安装一个热水管、一套家庭影院等，对电视端口、门禁系统的位置都需要及时沟通商量，并在测量时设定相关的线路走势。

（2）注意观察墙面、地面的平整情况，看墙面是否有粉化、裂缝、霉变、空鼓等，这些会影响装修后的质量。

3. 记好测量数据

教学视频 2-5
测量方法及注意事项

（1）详细记录好梁柱、地漏、下水管等容易遗漏地方的尺寸，用不同颜色的笔标清楚，并拍照记录好。

（2）对各个房间的尺寸，业主要自行记录一份，以便购买家具时使用。

准确地量房，可以便于设计师了解户型结构并进行合理的设计、准确地预算工程量，也可以使施工队进行严谨的施工。量房要达到准确、精细、严谨的标准。

◉ **任务小结** ···◉

1. 量房的 3 种测量方法：定量测量、定位测量、高度测量。

2. 量房的 5 个技巧（按动作）：量、看、摸、照、问。

3. 量房的注意事项：将准备工作做实、关注细节处理、记好测量数据。

◉ **课后练习** ···◉

判断题

1. 量房时要观察原有设施的布置是否合理，如配电箱的位置、可视对讲机的位置、地热分水器的位置、电视背景墙的位置是否合理等。 （ ）

2. 测量卧室尺寸时，要特别注意门洞口的尺寸，有的房子的门洞口尺寸不是很合理，需要做门口处理。 （ ）

3. 测量书房时要注意书桌和书架摆放的位置，要注意为客户预留相应的电源插孔和网线的接口。 （ ）

4. 量房数据越精确，设计和装修就越精准，可最大限度地减少装修过程中的返工问题，也使空间作用发挥到最大限度，分毫不差，节省每平方米面积。 （ ）

5. 量房时要先与客户确定厨房是做敞开式还是封闭式。 （ ）

6. 为了对整个空间有更好的把握，最好在量房时能够拍照留底，这有利于后期设计的准确性。 （ ）

7. 测量室内各项数据包括测量墙面，地面，水路、电路的长、宽、高，以及门、窗、空调、暖气等的位置。以上数据都要精确到位，因为这会直接影响装修的报价。　　　　　（　　）

8. 仔细观察房子的格局和朝向，如采光条件如何、周围的环境状况如何、噪声是否会影响生活等。如果先天条件不佳，就需要在后期设计中提出解决方案。　　　　　　　（　　）

任务 2.3　单线绘制量房草图

（任务目标）

1. 掌握绘制量房草图的步骤与方法；
2. 掌握住宅建筑结构的草图标示方法。

（任务重难点）

1. 绘制量房草图；
2. 准确记录和正确标示现场测量数据。

（任务知识点）

房屋测量面积的精准度是决定装修好坏的重要影响因素，因此，测量工作和数据记录工作一定要准确，千万不能马虎。

2.3.1　绘制量房草图前的准备

（1）绘图工具：画图夹板、A4 纸、中性笔（双色）。
（2）测量工具：卷尺、激光测距仪、角尺。

2.3.2　绘制单线草图的步骤

（1）准备好画图夹板和 A4 纸，如图 2-17 所示。

（2）查看所有房间，了解房型结构，从入户门开始绘制户型框架图（如果有现成的户型结构图，可以对照户型结构图对房屋进行观察、熟悉并确认），如图 2-18 所示。

（3）在绘制每个空间时都正对该空间，这样有方向感。按照顺时针方向逐个绘制，也有习惯按照逆时针方向绘制的。

（4）按照顺时针方向绘制到起点的位置就完成了，在绘制的过程中标示好住宅建筑结构，如窗户（图 2-19）、门洞、烟道的位置等。

（5）标示好细节（如梁柱、窗户、下沉位置、推拉门等），单线草图绘制完成，如图 2-20 所示。

图 2-17　画图夹板和 A4 纸

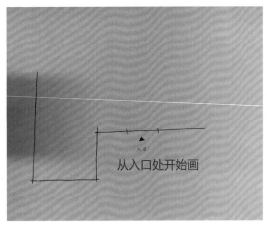

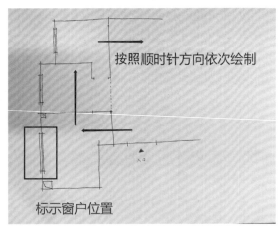

图 2-18 　绘制户型框架图 　　　　　　　图 2-19 　按照顺时针方向依次绘制并标示窗户位置

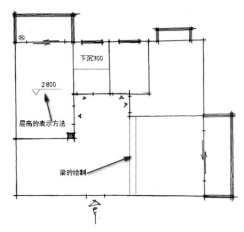

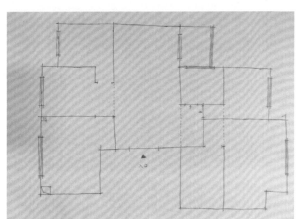

图 2-20 　单线草图绘制完成

2.3.3 　标注、记录测量数值

（1）从入户门开始，以顺时针方向逐个空间进行测量，并将测量的每个数据记录到量房草图相应的位置。

注意：记录的时候测量哪里的尺寸，就正对哪里，记录的数字也正对写。一般都是一个人拉卷尺量房，一个人专门记录，量房一般按照顺时针或逆时针方向，测量记录也相同。

（2）测量墙体长度，测量门洞高度，测量窗台、窗户高度，测量墙体厚度，测量梁位尺寸都按照这个方法将所有的房间测量一遍；为了避免漏测，测量的顺序要从顺时针方向开始，逐间地测量并记录。

（3）重点部位要标示好下水管位置、标示好地漏位置，标示好层高，标示好一些有下沉的区域及其下沉数值。

（4）全部测量完成后再全面检查，以确保测量准确、精细。使用相机记录每个空间中的细节（特别是管道位、梁柱等的位置），以备在设计过程中使用。

全部数值记录完成，如图 2-21 所示。

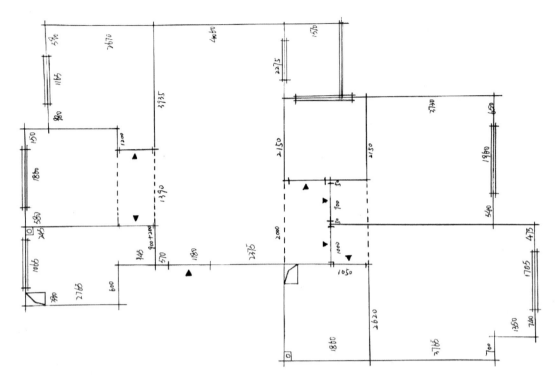

图 2-21　全部数值记录完成

　　强调：首先，记录数据要严谨细致，不要有遗漏；其次，将量房草图用 CAD 软件绘制出来；最后，将客户需求存档记录，根据客户需求及设计师自身经验规划设计方案，规划中要跟客户随时保持沟通，确保设计方案达到要求，能够签单。

　　量房口诀：入门开始，从左往右，由下至上，一步一测，注意管梁，每房一拍，打道回府，静候佳音。

教学视频 2-6
定点绘制量房图

◉ 任务小结

　　1. 绘制单线草图的步骤：准备绘图工具→查看房型结构→按照顺时针方向绘制框架→标示好住宅建筑结构→标注细节。

　　2. 量房口诀：入门开始，从左往右，由下至上，一步一测，注意管梁，每房一拍，打道回府，静候佳音。

◉ 课后练习

实操练习

　　1. 内容：根据分组情况，完成各自小组的住宅空间测量任务，并绘制单线草图。

　　2. 要求：运用测量技巧，小组成员相互协作，完成一个空间的测量、记录和绘制量房草图任务；测量应准确，绘图应清晰。

项目3 住宅空间人体工程尺寸应用

项目导学

如今，人们对于日常生活、学习、工作各个方面的舒适度越来越重视。良好的室内空间设计必然要考虑室内家具尺寸、家具陈设等与人体尺度的关系问题。设计师应严格把控每个细节尺寸，保证在设计、装修完毕之后，让家里每个人感到舒适开心。

1. 在进行室内空间设计时，要逐渐融入地域性文化，通过对生活环境的营造来弘扬优秀的传统文化和地域特色文化，提升生活品质。

2. 家具摆放位置是否涉及墙体拆改？墙体拆改一定要遵守相关建筑规范。家具是属于固定式家具还是可移动式家具？有没有安全隐患？家具的高矮尺寸、款式造型是否适合家庭全员使用？针对老年人的居住空间应进行无障碍设计。

任务 3.1 门厅空间人体工程尺寸应用

任务目标

1. 结合客户需求，熟悉门厅空间结构尺寸；
2. 掌握门厅家具摆放方法与技巧；
3. 能合理摆放门厅家具。

任务重难点

1. 门厅家具尺寸；
2. 门厅空间人体、家具与空间的动态尺寸。

任务知识点

门厅空间是进入住宅的第一个空间，不仅是室内外的过渡空间，还具有着丰富的使用功能，为人们的生活提供更多便利。合理的门厅设计可以使居住者在身心上更加舒适和愉悦。

1. 门厅空间尺寸分析

门厅空间根据《住宅设计规范》（GB 50096—2011）的规定，入户门洞净宽应不小于1 000 mm，结合入户门单侧墙垛宽度，门厅净宽不宜小于1 500 mm，如空间有限，净宽也不应小于1 350 mm。布置家具的剩余空间恰可满足1 050 mm的净活动空间宽度需求。同时，门厅进深为满足净活动空间需要，不应小于1 200 mm，在布置基本家具之外，应保正门厅内拥有不小于1 050 mm×1 200 mm的净活动空间。

2. 门厅家具尺寸及样式

（1）鞋柜尺寸：一般鞋柜尺寸高度不应超过2 400 mm，宽度根据所利用的空间宽度合理划分。深度是家庭成员中最大码的鞋子的长度，通常尺寸为300～400 mm，常用尺寸为350 mm。

（2）鞋柜内部尺寸见表3-1。

表 3-1 鞋柜内部尺寸   mm

类型	长筒靴	中筒靴	低筒靴	高跟鞋	单鞋	平底鞋	拖鞋
尺寸	450	350	260	180	140	120	100

（3）门厅鞋柜设计样式如图3-1所示。

3. 门厅家具摆放形式

门厅家具摆放的形式主要有以下3种。

（1）独立式空间家具摆放（图3-2）：一字形、L形、靠墙摆放。

（2）邻接式空间家具摆放：与厅堂相连，没有明显的独立区域。

（3）包含式空间家具摆放：包含于客厅空间，既起到分隔作用，又增加空间的装饰效果。

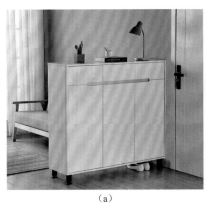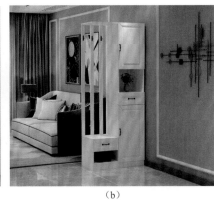

（a）　　　　　　　　　　　（b）　　　　　　　　　　　（c）

图 3-1　门厅鞋柜设计样式

（a）简易式；（b）半敞式；（c）柜体式

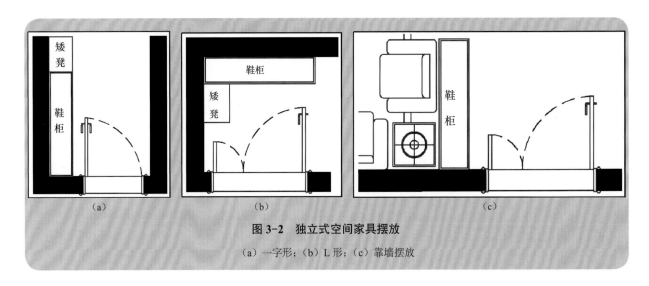

（a）　　　　　　　　　　　（b）　　　　　　　　　　　（c）

图 3-2　独立式空间家具摆放

（a）一字形；（b）L 形；（c）靠墙摆放

4. 门厅家具动态尺寸

（1）当鞋柜、衣柜需要布置在户门一侧时，要确保门侧墙垛有一定的宽度。摆放鞋柜时，墙垛净宽度不宜小于 400 mm；摆放衣柜时，则不宜小于 650 mm（图 3-3）。

（2）综合考虑相关家具布置及完成换鞋更衣动作，门厅开间深度不宜小于 1 500 mm，面积不宜小于 2 m²（图 3-4）。

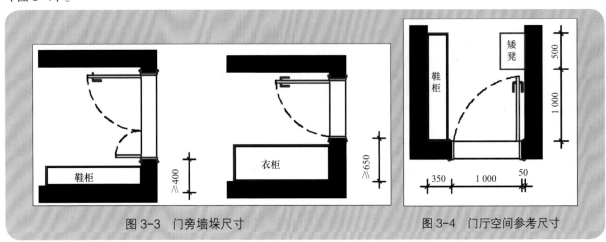

图 3-3　门旁墙垛尺寸　　　　　　　　　图 3-4　门厅空间参考尺寸

◉ **任务小结** ·· ◉

1. 门厅家具尺寸：鞋柜深度以 350 ～ 400 mm 为主。
2. 门厅开间尺寸：开间深度不应小于 1 500 mm，面积不宜小于 2 m²。

◉ **课后练习** ·· ◉

判断题

1. 门厅空间是室内外的过渡空间，具丰富的使用功能，为人们的生活提供更多便利。（   ）
2. 门厅空间中鞋柜是最主要的家具。（   ）
3. 门厅空间鞋柜的深度尺寸通常为 300 ～ 400 mm，常用尺寸为 350 mm。（   ）
4. 当鞋柜摆放在入户门一侧的墙边时，入户门墙垛尺寸为 300 mm，即可将鞋柜摆放进去。（   ）
5. 当衣柜需要布置在户门一侧时，墙垛净宽度为 600 mm 即可。（   ）
6. 门厅鞋柜摆放为临接式摆放时，具体是门厅空间与厅堂相连，没有明显的独立区域。（   ）
7. 门厅空间的鞋柜高度可以设计到 2 800 mm。（   ）
8. 门厅空间开间尺寸不宜小于 1 500 mm。（   ）
9. 鞋柜的宽度尺寸要根据户型结构特点与客户需求进行设计。（   ）
10. 门厅鞋柜内部功能分区主要包含长筒靴区、中筒靴区、低筒靴区、高跟鞋区、单鞋区、平底鞋区、拖鞋区。（   ）

教学视频 3-1
门厅空间家具摆放

任务 3.2 客厅空间人体工程尺寸应用

任 务 目 标

1. 结合客户需求，熟悉客厅空间结构尺寸；
2. 掌握客厅家具摆放方法与技巧；
3. 能合理摆放客厅家具。

任 务 重 难 点

1. 客厅家具尺寸；
2. 客厅空间人体、家具与空间的动态尺寸。

任 务 知 识 点

客厅也称为起居室，是专门接待客人的地方，主要供居住者进行娱乐、休息、家庭聚会、会客。客厅空间在整个住宅空间中属于中心式活动场所，使用率较高。客厅往往能显示主人的个性和品位。

1. 客厅空间尺寸分析

客厅面积应根据使用的人数和具体功能来确定。现行《住宅设计规范》（GB 50096—2011）中客厅面积最小为 12 m²，我国城市示范小区设计则建议为 18 ～ 25 m²。

客厅空间一般可分为大户型客厅、中户型客厅、小户型客厅。

（1）大户型客厅：如别墅空间，客厅面积较大，有独立的会客厅、接待区、休闲区或独立的家庭聚会客厅，分别体现不同的空间功能，使用面积一般在 30 m² 以上。

（2）中户型客厅：即独立式客厅，空间较为独立，面积宽敞，空间内主要具备会客、家庭聚会、座谈等主要功能，使用面积一般在 20 m² 左右。

（3）小户型客厅：可兼具其他功能，与其他空间融合，如餐厅与客厅二合一、门厅与客厅二合一、客厅与卧室空间相融合等，空间面积较小，且功能齐全、丰富，家具摆放紧凑且通透，使用便捷，使用面积一般为 20 ～ 25 m²。

2. 客厅开间尺寸

（1）小户型客厅开间尺寸：当客厅面积较小时，开间尺寸一般在 3 200 mm 左右，面积再小就不适合做客厅了（图 3-5）。

（2）中户型客厅开间尺寸：当客厅面积较大时，各家具之间可适当加大间距。如预留双人过道尺寸 1 200 mm，此时开间尺寸可在 3 600 mm 左右（图 3-6）。

（3）大户型客厅开间尺寸：舒适豪华的户型，如别墅空间，客厅开间尺寸达到 4 200 mm 以上（图 3-7）。

图 3-5　小户型客厅

图 3-6　中户型客厅

图 3-7　大户型客厅

3. 客厅家具尺寸

（1）沙发尺寸：沙发尺寸见表 3-2。

表 3-2　沙发尺寸　　　　　　　　　　　　　　　　　　　mm

序号	类型	长度	深度
1	单人沙发	800 ～ 950	850 ～ 900
2	双人沙发	1 260 ～ 1 500	800 ～ 900
3	三人沙发	1 750 ～ 1 980	800 ～ 900
4	四人沙发	2 320 ～ 2 520	800 ～ 900

（2）茶几尺寸：茶几尺寸见表 3-3。

表 3-3　茶几尺寸　　　　　　　　　　　　　　　　　mm

序号	类型	长度	宽度
1	小型茶几	600 ～ 750	450 ～ 600
2	中型茶几	1 200 ～ 1 350	380 ～ 500
3	大型茶几	1 500 ～ 1 800	600 ～ 800
4	圆形茶几	750、900、1 050、1 200	
5	方形茶几	900、1 050、1 200、1 500	

（3）电视柜尺寸：电视柜深度一般为 450 ～ 600 mm，高度为 600 ～ 700 mm，长度根据空间结构特点而定。

4. 客厅家具动态尺寸

客厅空间家具的摆放需考虑人体在空间内的活动尺寸，保证人体活动空间充足，同时，还需考虑空间内家具的立面尺寸。影响客厅内人体活动尺寸的主要因素有人的肩宽、上肢的活动范围、坐姿与脚步活动范围、视距等。客厅中人的活动空间尺寸包括平面活动空间尺寸（图 3-8）和立面活动空间尺寸（图 3-9）两个方面。

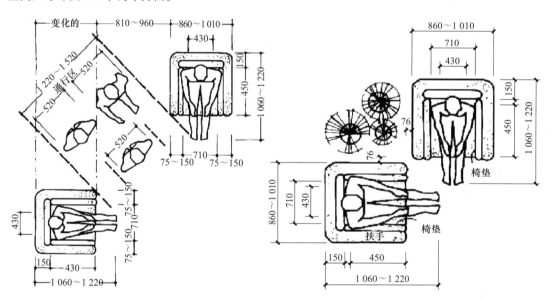

图 3-8　平面活动空间尺寸

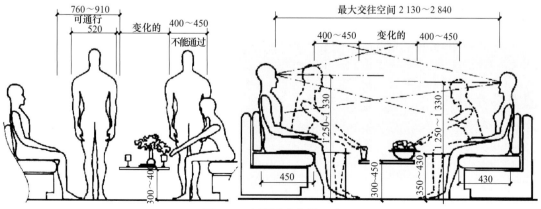

图 3-9　立面活动空间尺寸

　　摆放客厅家具时，主通道一人正常通过，另一人侧身通过的尺寸为 900 mm；双人正常通过时，双人过道尺寸为 1 200 mm。

5. 客厅家具摆放形式

　　客厅家具主要有沙发、茶几、电视柜。客厅空间在进行家具摆放时需要根据空间结构尺寸进行规划，主要突出的是沙发的摆放形式，沙发的摆放形式可分为一字形摆放（图 3-10）、L 形摆放（图 3-11）、C 形摆放（图 3-12）、平行式摆放（图 3-13）、地台式摆放、全围合式摆放 6 种形式。

图 3-10　一字形摆放

图 3-11　L 形摆放

图 3-12　C 形摆放

图 3-13　平行式摆放

教学视频 3-2
客厅空间家具摆放

◉ 任务小结 ···◎

　　1. 客厅空间类型：小户型客厅、中户型客厅、大户型客厅。

　　2. 客厅家具尺寸。

　　3. 客厅沙发摆放形式：一字形摆放、L 形摆放、C 形摆放、平行式摆放、地台式摆放、全围合式摆放。

⊙ 课后练习 ··· ◎

判断题

1. 客厅空间一般划分为大户型客厅、中户型客厅和小户型客厅。　　　　　　（　　）

2. 中户型客厅一般出现在别墅户型中。　　　　　　　　　　　　　　　　（　　）

3. 小户型客厅可以兼具其他功能，如客厅与餐厅二合一、门厅与客厅二合一或客厅与卧室二合一等。　　　　　　　　　　　　　　　　　　　　　　　　　　　　（　　）

4. 当客厅空间面积较小时，开间尺寸一般在 3 200 mm 左右。　　　　　　　（　　）

5. 客厅空间中的双人过道尺寸可以预留 1 200 mm。　　　　　　　　　　　（　　）

6. 单人沙发长度尺寸一般为 800 ～ 950 mm，深度尺寸为 850 ～ 900 mm。　（　　）

7. 客厅空间中的电视柜台面深度一般为 200 ～ 300 mm。　　　　　　　　　（　　）

8. 在客厅空间中摆放家具时考虑一人正常通过，另外一人侧身通过的主通道尺寸应该预留 900 mm。　　　　　　　　　　　　　　　　　　　　　　　　　　　（　　）

9. 客厅空间中沙发的摆放形式常见的有一字形摆放、L 形摆放、C 形摆放。（　　）

10. 客厅空间中沙发与茶几之间预留尺寸为 200 mm 即可。　　　　　　　　（　　）

任务 3.3　餐厅空间人体工程尺寸应用

任 务 目 标

1. 结合客户需求，熟悉餐厅空间结构尺寸；
2. 掌握餐厅家具摆放方法与技巧；
3. 能合理摆放餐厅家具。

任 务 目 标

1. 餐厅家具尺寸；
2. 餐厅空间人体、家具与空间的动态尺寸。

任 务 知 识 点

餐厅主要是家人就餐与宴请的场所。餐厅的空间设计必须合乎接待顾客和方便用餐这一基本要求，同时，还要追求更高的审美和艺术价值。

1. 餐厅空间尺寸分析

餐厅空间中的家具一般有餐桌、餐椅、餐边柜、酒柜等。餐厅家具的摆放位置，关系着家庭人口在空间内就餐的舒适度。在餐厅空间中摆放家具时应充分考虑人体、家具与空间的尺寸关系。

（1）在餐厅空间内放置圆形餐桌时，开间尺寸为 3 300 mm，进深尺寸为 4 500 mm，建筑面积为 15 m²，可放置一张 8 人式组合餐桌（图 3-14）。

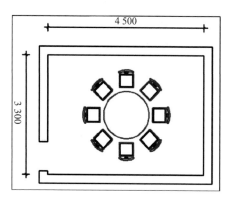

图 3-14　餐厅内摆放圆形餐桌

（2）在餐厅空间内放置长方形餐桌时，要根据家庭居住人口选择餐桌和餐椅。一般情况下，3～4人就餐，餐厅空间开间尺寸不宜小于2 700 mm，使用面积一般不小于10 m²；6～8人就餐时，餐厅空间开间尺寸不应小于3 000 mm，使用面积不小于12 m²。

2. 餐厅家具尺寸

（1）圆桌直径：2人式餐桌直径为500 mm，3人式餐桌直径为800 mm，4人式餐桌直径为900 mm，5人式餐桌直径为1 100 mm，6人式餐桌直径为1 100～1 250 mm，8人式餐桌直径为1 300 mm，10人式餐桌直径为1 500 mm，12人式餐桌直径为1 800 mm，餐桌转盘直径为700～800 mm。

（2）方形餐桌：2人式餐桌尺寸为700 mm×850 mm，4人式餐桌尺寸为1 350 mm×850 mm，8人式餐桌尺寸为2 250 mm×850 mm。餐桌间距应大于500 mm（其中座椅占500 mm）。

（3）酒柜尺寸：定制酒柜高度为2 000～2 400 mm，宽度根据家里的实际情况确定，进深为300～400 mm。成品柜尺寸为800 mm×450 mm×1 200 mm。

3. 餐厅空间动态尺寸

在餐厅空间中摆放家具时，家具尺寸、空间尺寸、人体活动尺寸会相互影响。不仅家具摆放位置要合理，还需要保证人体能够在家具之间自由活动（图3-15、图3-16）。

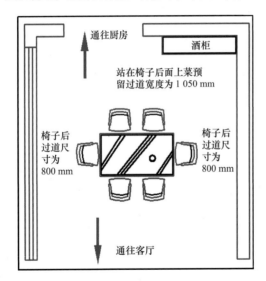

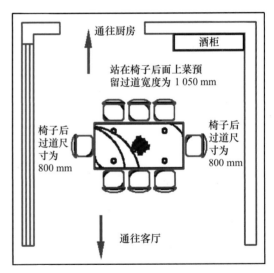

图3-15　6人式餐桌　　　　　　　　　图3-16　8人式餐桌

（1）餐椅后面不预留过道行走，只考虑人体起身离座的情况时，参考尺寸为椅子进深尺寸+300 mm左右。

（2）餐椅后面预留过道行走，参考尺寸为椅子进深尺寸+400 mm以上。

（3）餐椅后面的过道用于上菜服务时，参考尺寸为椅子进深尺寸+500 mm以上。

4. 餐厅空间的类型及家具摆放

（1）独立式餐厅，需要注意餐桌、椅、柜的摆放和布置须和餐厅的空间相结合，如方形和圆形餐厅，可选用圆形或方形餐桌，居中放置；狭长的餐厅可在靠墙或窗一边放一长餐桌，桌子另一侧摆上椅子，这样空间会显得宽敞（图3-17）。

（2）餐厨一体式餐厅，与厨房相互融合的餐厅，即厨房中的餐厅。此类餐厅可节省空间面积，且就餐更加便捷（图3-18）。

（3）客餐一体式餐厅，餐厅与客厅的空间融合，餐厅靠近厨房，或用隔断、屏风、植物等进行空间分隔（图 3-19）。

（4）吧台式餐厅，包括转角式吧台、靠墙式吧台、隔断式吧台、嵌入式吧台、餐桌式吧台 5 种形式。

图 3-17 独立式餐厅

图 3-18 餐厨一体式餐厅

图 3-19 客餐一体式餐厅

◉ 任务小结

1. 餐厅空间类型：独立式餐厅、餐厨一体式餐厅、客餐一体式餐厅、吧台式餐厅。

2. 餐厅家具尺寸：

（1）圆桌直径：2 人式餐桌直径为 500 mm，3 人式餐桌直径为 800 mm，4 人式餐桌直径为 900 mm，5 人式餐桌直径为 1 100 mm，6 人式餐桌直径为 1 100～1 250 mm，8 人式餐桌直径为 1 300 mm，10 人式餐桌直径为 1 500 mm，12 人式餐桌直径为 1 800 mm。

（2）方形餐桌：2 人式餐桌尺寸为 700 mm×850 mm，4 人式餐桌尺寸为 1 350 mm×850 mm，8 人式餐桌尺寸为 2 250 mm×850 mm。

教学视频 3-3
餐厅空间家具摆放

◉ 课后练习

判断题

1. 在餐厅空间内摆放圆形餐桌时，空间开间尺寸为 3 300 mm，进深尺寸为 4 500 mm，即可满足放置一张 8 人式圆形餐桌的要求。 （   ）

2. 在餐厅空间内放置 3～4 人就餐的方形餐桌时，餐厅空间使用面积不小于 10 m²。 （   ）

3. 在餐厅空间内放置 6～8 人就餐的方形餐桌时，餐厅空间使用面积不小于 12 m²。 （   ）

4. 在餐厅空间内 6 人式圆形餐桌直径一般为 800 mm。 （   ）

5. 在餐厅空间中摆放家具时，不仅家具摆放位置要合理，还需要保证人体能够在家具之间自由活动。 （   ）

6. 长方形的空间结构只适合放置长方形餐桌。 （   ）

7. 餐厅空间餐椅后面预留过道行走，参考尺寸为椅子进深尺寸 +400 mm 以上。 （   ）

8. 独立式餐厅是指有独立的空间来作餐厅，面积宽敞。 （   ）

9. 厨房中的餐厅是指将餐厅设计在厨房空间中，两个空间相互融合。 （   ）

10. 客厅中的餐厅是指餐厅与客厅空间相互融合。 （   ）

任务 3.4 主卧室空间人体工程尺寸应用

任务目标

1. 结合客户需求，熟悉主卧室空间结构尺寸；
2. 掌握主卧室家具摆放方法与技巧；
3. 能合理摆放主卧室家具。

任务重难点

1. 主卧室家具尺寸；
2. 主卧室空间人体、家具与空间的动态尺寸。

任务知识点

主卧室主要是供居住者休息睡眠的空间，要求隐秘、恬静、舒适、温馨。主卧室设计必须依据主人的年龄、性格、兴趣爱好，考虑宁静、稳重或浪漫、舒适的情调，创造一个完全属于个人的温馨环境。卧室空间还可以兼具储物、更衣、化妆、读写等功能。

1. 主卧室空间尺寸分析

（1）主卧室使用面积一般不应小于 9 m²，空间开间尺寸至少为 3 300 mm，进深尺寸至少为 4 500 mm。这是可以确保人体活动与家具摆放的最低标准的适用型尺寸范围（图 3-20）。

（2）舒适型主卧室开间尺寸一般为 3 600 mm，进深尺寸一般为 4 800 mm，此时家具摆放于人体活动尺寸范围内是比较舒适的（图 3-21）。

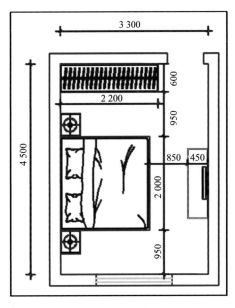

图 3-20　适用型主卧室

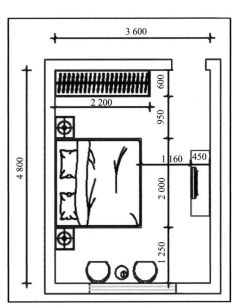

图 3-21　舒适型主卧室

（3）高舒适型主卧室开间的尺寸一般为 4 200 mm，进深尺寸一般为 7 500 mm。此时，空间内的家具摆放于人体活动尺寸范围内是非常舒适的。另外，还可以增加衣帽间、卫生间、梳妆台等其他功能空间（图 3-22）。

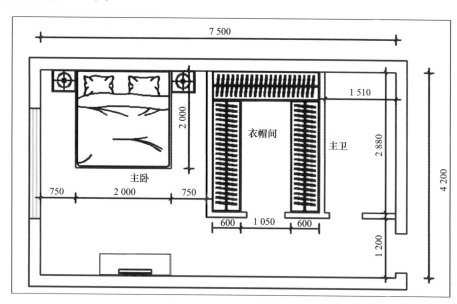

图 3-22　高舒适型主卧室

2. 主卧室家具尺寸

（1）双人床尺寸：宽度一般为 1 800 mm、2 000 mm、2 100 mm，长度一般为 2 000 mm。

（2）衣柜尺寸：衣柜深度尺寸一般为 550 ～ 600 mm，长度根据空间结构特点和设计需求而定，高度可到顶，也可不到顶，到顶尺寸一般为层高尺寸，不到顶尺寸一般为 2 400 mm。

3. 主卧室家具摆放形式

（1）衣柜放置于床对面方式。这种布置非常常见，床放置于一边墙的正中间，床头两边放置床头柜及梳妆台，衣柜作为储藏空间放置于床对面（图 3-23）。

（2）衣柜放置于床头方式。此种方式比较适合卧室空间较小的情况，将床头的空间部分设计到衣柜的空间中，与衣柜很好地结合（图 3-24）。

图 3-23　衣柜放置于床对面方式

图 3-24　衣柜放置于床头方式

（3）衣柜放置于床侧方式。床和衣柜在平行的位置放置，中间留出至少一人可以通过的过道空间。此种布置方便、简单，空间不容许的情况可以减少一个床头柜，这是很常见且合时宜的布置（图3-25）。

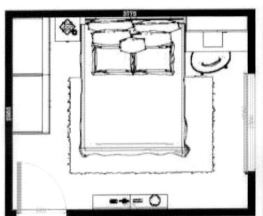

图 3-25　衣柜放置于床侧方式

教学视频 3-4
主卧室空间家具摆放

◎ **任务小结** ···◎

1. 主卧室空间功能：睡眠、更衣、化妆、休闲、读写、洗漱等。

2. 主卧室家具尺寸：

（1）双人床尺寸：宽度一般为 1 800 mm、2 000 mm、2 100 mm，长度一般为 2 000 mm。

（2）衣柜尺寸：衣柜深度尺寸一般为 550～600 mm，长度根据空间结构特点和设计需求而定，高度可到顶，也可不到顶，到顶尺寸一般为层高尺寸，不到顶尺寸一般为 2 400 mm。

◎ **课后练习** ···◎

判断题

1. 主卧室空间使用面积一般不应小于 7 m²。　　　　　　　　　　　　　　　　（　　）

2. 主卧室空间开间尺寸至少为 3 300 mm，进深尺寸至少为 4 500 mm。这是可以确保人体活动与家具摆放的最低标准的适用型尺寸范围。　　　　　　　　　　　　　　　　（　　）

3. 舒适型主卧室开间尺寸一般为 3 600 mm，进深尺寸一般为 4 800 mm，此时家具摆放于人体活动尺寸范围内是比较舒适的。　　　　　　　　　　　　　　　　（　　）

4. 高舒适型主卧室开间尺寸一般为 4 200 mm，进深尺寸一般为 7 500 mm。　　（　　）

5. 高舒适型主卧室空间，可以根据空间尺寸与结构添加衣帽间、卫生间、梳妆台等其他功能空间。　　　　　　　　　　　　　　　　（　　）

6. 双人床尺寸：宽度一般为 1 800 mm、2 000 mm、2 100 mm，长度一般为 2 000 mm。（　　）

7. 主卧室空间内衣柜的深度尺寸设计为 450 mm 即可。　　　　　　　　　　　（　　）

8. 主卧室空间内衣柜高度必须到顶。　　　　　　　　　　　　　　　　　　（　　）

任务 3.5　儿童房空间人体工程尺寸应用

任务目标

1. 结合客户需求，熟悉儿童房空间结构尺寸；
2. 掌握儿童房家具摆放方法与技巧；
3. 能合理摆放儿童房家具。

任务重难点

1. 儿童房家具尺寸；
2. 儿童房空间人体、家具与空间的动态尺寸。

任务知识点

儿童房是孩子的卧室、起居室和游戏空间，应增添有利于孩子观察、思考、游戏的成分，重点强调安全性能、材料环保、色彩搭配、家具选择及光线。

1. 儿童房空间尺寸分析

（1）儿童房空间开间尺寸为 3 000 mm，进深尺寸为 3 900 mm，面积为 11.7 m² 时可满足家具摆放和人体活动的要求，属于适用型儿童房空间（图 3-26）。

（2）儿童房空间开间尺寸为 3 300 mm，进深尺寸为 4 200 mm，面积为 13.86 m²；或开间尺寸为 3 600 mm，进深尺寸为 4 800 mm，面积为 17.28 m² 时儿童房空间属于舒适型或高舒适型儿童房空间（图 3-27）。

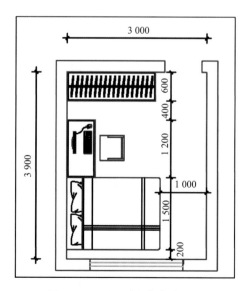

图 3-26　适用型儿童房空间

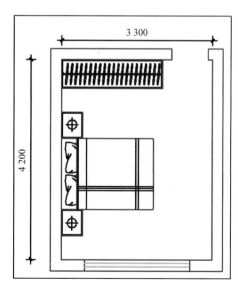

图 3-27　舒适型或高舒适型儿童房空间

2. 儿童房家具尺寸

儿童房家具有单人床、书桌、书柜（架、隔板等）。

（1）单人床的尺寸：宽度尺寸一般为 900 mm、1 050 mm、1 200 mm；长度尺寸一般为 1 800 mm、1 860 mm、2 000 mm、2 100 mm（图 3-28）。

（2）衣柜尺寸：衣柜深度尺寸一般为 550～600 mm，长度尺寸根据空间结构特点和设计需求而定，高度可到顶，也可不到顶，到顶尺寸一般为层高尺寸，不到顶尺寸一般为 2 400 mm。

（3）书桌、书柜的尺寸：转角书桌的尺寸为 1 200 mm×498 mm×193 mm（图 3-29）。

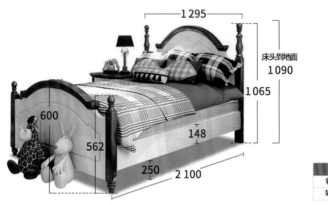

图 3-28 单人床

规格	尺寸 /mm	备注
转角书桌1.2 m	长1 200×宽498×高1 930	上图
转角书桌1.0 m	长1 000×宽498×高1 930	其他尺寸参考上图

图 3-29 转角书桌柜组合

3. 儿童房家具摆放

在规划时，儿童房家具的选用与摆放要根据儿童不同的年龄与性别进行规划，不同年龄与性别的儿童需求是不同的。儿童的年龄阶段可分为婴幼儿期（0～6岁）、童年期（7～13岁）、青少年期（14～18岁）。

（1）婴幼房间家具摆放：0～3岁的婴儿对空间要求比较少，家具可依据采光好、空气清新、室温适宜（图 3-30）等条件进行摆放；3～6岁的幼儿房间家具摆放可布置得具有幻想性、配色大胆、色彩对比强烈、色彩鲜艳，以满足孩子的好奇心与想象力（图 3-31）。

（2）童年期儿童房家具摆放：童年期儿童正处于小学阶段，学习是比较繁忙的，可能需要书桌、书柜等家具。

（3）青少年期儿童房间家具摆放：青少年时儿童处于中学阶段。需要考虑孩子的身心发展、性格、学习、休闲娱乐等因素，正确选用家具，合理规划家具摆放位置（图 3-32）。

图 3-30 婴儿房间家具摆放

图 3-31 幼儿房间家具摆放

图 3-32 青少年房间家具摆放

◉ **任务小结**..◉

　　1. 儿童的年龄阶段可分为婴幼儿期、童年期、青少年期。

　　2. 儿童房家具尺寸：

　　（1）单人床：宽度尺寸一般为 900 mm、1 050 mm、1 200 mm；长度尺寸一般为 1 800 mm、1 860 mm、2 000 mm、2 100 mm。

　　（2）衣柜尺寸：衣柜深度尺寸一般为 550～600 mm，长度尺寸根据空间结构特点和设计需求而定，高度可到顶，也可不到顶，到顶尺寸一般为层高尺寸，不到顶尺寸一般为 2 400 mm。

教学视频 3-5
儿童房空间家具摆放

◉ **课后练习**..◉

判断题

　　1. 适用型儿童房空间开间尺寸为 3 000 m，进深尺寸为 3 900 m，面积为 11.7 m²。　　　（　　）

　　2. 单人床宽度一般为 900 mm、1 050 mm、1 200 mm。　　　（　　）

　　3. 儿童房空间的衣柜不适合定制，只适合放置成品衣柜。　　　（　　）

　　4. 儿童的年龄阶段可划分为婴幼儿期（0～6岁）、童年期（7～13岁）、青少年期（14～18岁）。
　　　　　　　　　　　　　　　　　　　　　　　　　　　　　　　　　　　　　　　（　　）

　　5. 婴儿房间家具摆放：0～3岁的婴儿对空间要求比较少，家具可依据采光好、空气清新、室温适宜等条件进行摆放。　　　（　　）

　　6. 童年期儿童房间家具摆放：家具摆放可布置得具有幻想性、配色大胆、色彩对比强烈、色彩鲜艳，以满足孩子的好奇心与想象力。　　　（　　）

　　7. 青少年期儿童房间家具摆放：需考虑孩子的身心发展、性格、学习、休闲娱乐等因素，正确选用家具，合理规划家具摆放位置。　　　（　　）

　　8. 舒适型儿童房空间开间尺寸为 3 300 m，进深尺寸为 4 200 m，面积为 13.86 m²。　　（　　）

任务 3.6　书房空间人体工程尺寸应用

任务目标

　　1. 结合客户需求，熟悉书房空间结构尺寸；

　　2. 掌握书房家具摆放方法与技巧；

　　3. 能合理摆放书房家具。

任务重难点

　　1. 书房家具尺寸；

　　2. 书房空间人体、家具与空间的动态尺寸。

任务知识点

　　书房是读书、学习、办公的地方，需要宁静、沉稳的感觉，书房家具的合理布置有利于建立良好的环境和习作氛围，改善心情，提高效率。

1. 书房空间尺寸分析

书房是为个人设置的私人天地，能体现居住者的习惯、个性、爱好、品位和专长。书房家具主要有书桌、书柜、办公椅或沙发。书房空间主要有收藏区、读书区、休息区。对于 8 ～ 15 m² 的书房，收藏区适合沿墙布置，读书区靠窗布置，休息区占据余下的角落。而对于 15 m² 以上的大书房，布置方式就灵活多了，如圆形可旋转的书架位于书房中央，有较大的休息区可供多人讨论，或者有一个小型的会客区。

书房空间尺寸需要根据书房空间结构特点进行规划，着重考虑书桌、办公椅、书柜的位置与尺寸，同时确保人体活动空间尺寸充足（图 3-33）。

2. 书房家具尺寸

在选择书房家具时，除要注意书房家具的造型、质量和色彩外，还必须考虑书房家具应适应人们的活动范围，并应符合人体健康美学的基本要求。也就是，要根据人的活动规律、人体各部位尺寸和使用书房家具时的姿势来确定书房家具的结构、尺寸与摆放位置。

（1）书柜尺寸：深度一般为 240 ～ 350 mm，高度根据书柜样式而定，可高可矮，也可是壁挂式书柜。壁挂式书柜最下层隔板到书桌台面之间的距离至少为 500 mm，即可满足使用计算机与书写的尺寸（图 3-34）。

图 3-33　书房空间

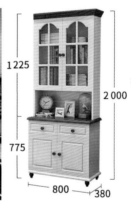

图 3-34　书柜尺寸

（2）书桌尺寸：深度常用尺寸为 450 ～ 500 mm，长度为 1 000 mm、1 200 mm、1 600 mm 等，高度为 750 ～ 780 mm（图 3-35）。

3. 书房家具摆放

书房家具的摆放形式主要有一字形、L 形和 U 形 3 种。柜架类的配置尽可能围绕着一个固定的工作点，与桌子构成整体，以减少无功效的动作。在特定的环境里，常根据不同的工作内容，采用高低相接、前后交错、主次有别的布置形式，使书房家具布置既合理又富有变化，以达到提高效率的目的。

（1）一字形布置是将书桌、书柜与墙面平行布置，这种方法使书房显得十分简洁、素雅，建立一种宁静的学习氛围（图 3-36）。

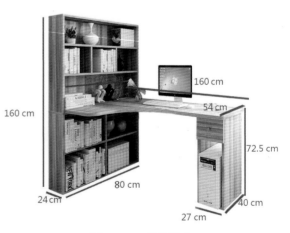

图 3-35　书桌尺寸

（2）L 形布置一般是靠墙角布置，将书柜与书桌布置成直角，这种方法占地面积小（图 3-37）。

（3）U 形布置是将书桌布置在书房中间，以人为中心，两侧布置书柜、书架和小柜。这种布置使用较方便，但占地面积大，只适用面积较大的书房。

　　图 3-36　一字形布置

　　图 3-37　L 形布置

◉ 任务小结

1. 书房家具尺寸。

（1）书柜尺寸：深度一般为 240 ~ 350 mm，高度自由。壁挂式书柜最下层隔板到书桌台面的距离至少为 500 mm，即可满足使用计算机与书写的尺寸。

（2）书桌尺寸：深度常用尺寸为 450 ~ 500 mm，长度为 1 000 mm、1 200 mm、1 500 mm 等，高度为 750 ~ 780 mm。

2. 书房家具的摆放形式主要有一字形、L 形和 U 形 3 种方法。

教学视频 3-6
书房空间家具摆放

◉ 课后练习

判断题

1. 书房空间尺寸需根据空间结构特点进行规划，着重考虑书桌、办公椅、书柜的位置与尺寸，同时要确保人体活动空间尺寸充足。　　　　　　　　　　　　　　　　　　　　（　　）

2. 书房空间中书柜深度尺寸一般为 300 mm 即可。　　　　　　　　　　　　　（　　）

3. 壁挂式书柜最下层隔板到书桌台面的距离至少为 300 mm，即可满足使用计算机与书写的尺寸。　　　　　　　　　　　　　　　　　　　　　　　　　　　　　　　（　　）

4. 书房空间不宜横梁压顶，这会使人产生压迫的感觉，无法全身心投入工作和学习。（　　）

5. 书桌深度尺寸一般为 400 ~ 550 mm，常用尺寸为 450 mm、500 mm。　　　（　　）

6. 书房空间的主要功能是办公学习，所以书房空间必须是独立的空间。　　　（　　）

7. 书房空间可以设计成客房兼书房，以提高空间的利用率。　　　　　　　　（　　）

8. 书房空间可以与衣帽间设计到一起，两个空间合二为一。　　　　　　　　（　　）

任务 3.7　厨房空间人体工程尺寸应用

任务目标

1. 结合客户需求，熟悉厨房空间结构尺寸；
2. 掌握厨房家具摆放方法与技巧；
3. 能合理摆放主要厨房家具。

任务重难点

1. 厨房家具尺寸；
2. 厨房空间人体、家具与空间的动态尺寸。

任务知识点

民以食为天，厨房主要是家庭烹饪、洗涤、储存的房间。厨房设计是指将橱柜、厨具和各种厨用家电按其形状、尺寸及使用要求进行合理布局，巧妙搭配，实现厨房用具一体化。

1. 厨房空间尺寸分析

厨房家具主要是橱柜，且橱柜中最主要的功能件是水槽、炉灶、油烟机；除此之外，还有一些日常需要用到的电气设备，如冰箱、烤箱、洗碗机、微波炉、消毒柜等。因此，厨房家具摆放需要充分考虑家具、家电、厨具等设备之间的位置与尺寸关系。

厨房空间尺寸：两室一厅以上的户型，厨房空间面积至少为 5 m²；单身公寓或其他小户型，厨房空间面积至少为 4 m²。

2. 厨房的类型

（1）一字形厨房：属于狭长形厨房，即空间结构比较狭长。空间理想型尺寸：最小净宽尺寸在 1 500 mm 以上，最小净长尺寸在 3 000 mm 以上，一面墙不能短于 3 000 mm（图 3-38）。

（2）L 形厨房：最小净宽尺寸在 1 800 mm 以上，最小净长尺寸在 3 000 mm 以上（图 3-39）。

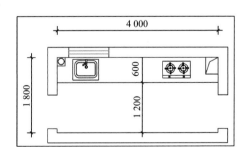

图 3-38　一字形厨房

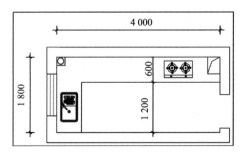

图 3-39　L 形厨房

（3）U 形厨房：此类厨房空间宽度尺寸在 2 200 mm 以上，U 形间距以 1 200 ～ 1 500 mm 为准，最小净宽尺寸在 2 400 mm 以上，最小净长尺寸在 2 700 mm 以上（图 3-40）。

（4）"走廊"型厨房：中间是通道，两边靠墙部位是橱柜。最小净宽尺寸在 2 100 mm 以上，最小净长尺寸在 3 000 mm 以上（图 3-41）。

（5）"岛"型厨房：厨房中摆放一个独立的备餐台或工作台，家人和朋友还可以在料理台上就餐（图 3-42）。

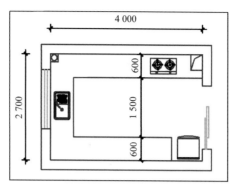

图 3-40　U 形厨房

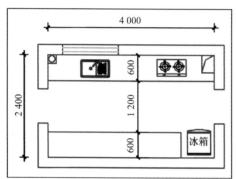

图 3-41　"走廊"型厨房

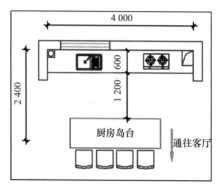

图 3-42　"岛"型厨房

3. 厨房家具尺寸

厨房家具 / 设备尺寸表见表 3-4，一字形厨房家具尺寸如图 3-43 所示。

表 3-4　厨房家具 / 设备尺寸

序号	家具、设备名称	规格、型号 /mm
1	橱柜底柜	高度 750 ～ 800，深度 600，长度根据空间结构变化
2	橱柜吊柜	高度 700，深度 350，长度根据空间结构变化
3	洗碗机	520×450×800
4	消毒柜	600×450×650
5	油烟机	900×525×535
6	双眼嵌入式燃气灶	740×445×115
7	双开门冰箱	总容积为 100 ～ 200 L，1 600×500×635

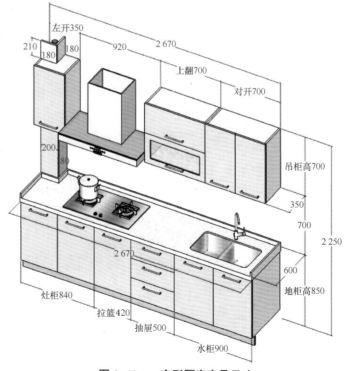

图 3-43　一字形厨房家具尺寸

4. 厨房家具摆放

厨房家具摆放需要根据厨房空间结构特点与尺寸进行规划，厨房家具尽量采用组合式吊柜与地柜，以合理提高厨房空间使用率。

厨房橱柜摆放主要类型有以下几种：

（1）一字形橱柜：即厨房工作区集中到一面墙处以一字形进行布置，给人以简单明快的感觉。此类情况适用于厨房空间结构属于狭长类型的情况，追求将橱柜的洗、切、炒功能一字形整齐排开，同时确保厨房过道空间尺寸合理（图3-44）。

（2）L形橱柜：此类橱柜是日常生活中最为常见的一种，适合空间方正且面积不大的厨房（图3-45）。

（3）U形橱柜：橱柜内有两个转角柜，可以将储存、洗涤和烹饪功能进行单独区域布置，形成三角区域，使用更加方便（图3-46）。

（4）"走廊"型橱柜：主要是将橱柜沿着空间内两面平行墙进行摆放，把洗涤与配菜区放在一边橱柜上，另一边橱柜放灶具（图3-47）。

（5）"岛"型橱柜：当厨房空间面积比较大时，在厨房空间的中间部位放置一个大备餐台，也可当作就餐台使用。岛台本是独立的工作台，可以用来储物，安装灶具、水槽，但水路管道需预埋在地面，岛台也可以用作休闲吧台（图3-48）。

图 3-44 一字形橱柜　　　　　　　图 3-45 L 形橱柜　　　　　　　图 3-46 U 形橱柜

图 3-47 "走廊"型橱柜　　　　　　　　　　图 3-48 "岛"型橱柜

⊙ 任务小结 ··· ⊙

　1. 厨房空间主要功能有储存、洗涤、烹饪。

　2. 橱柜常见摆放类型有一字形、L形、U形、"走廊"型、"岛"型。

⊙ 课后练习 ··· ⊙

判断题

　1. 厨房家具主要有橱柜、水槽、炉灶、抽烟机、洗衣机、冰箱等。　　　（　　）

　2. 单身公寓式厨房空间的面积至少为 4 m²。　　　　　　　　　　　　（　　）

　3. 两室一厅以上的厨房空间面积至少为 5 m²。　　　　　　　　　　　（　　）

　4. 当厨房空间结构比较狭长时，可考虑将橱柜设计成一字形橱柜。　　（　　）

　5. L 形厨房：最小净宽尺寸在 1 800 mm 以上，最小净长尺寸在 3 000 mm 以上。　（　　）

　6. 厨房橱柜台面的深度尺寸一般为 450 mm。　　　　　　　　　　　　（　　）

　7. U 形厨房可不用考虑冰箱的摆放位置。　　　　　　　　　　　　　（　　）

　8. "岛"型厨房是指将餐桌摆放在厨房空间中。　　　　　　　　　　　（　　）

教学视频 3-7
厨房空间家具摆放

任务 3.8　卫生间空间人体工程尺寸应用

任务目标

　1. 结合客户需求，熟悉卫生间空间结构尺寸；

　2. 掌握卫生间家具摆放方法与技巧；

　3. 能合理摆放卫生间家具。

任务重难点

　1. 卫生间家具尺寸；

　2. 卫生间空间人体、家具与空间的动态尺寸。

任务知识点

　　卫生间是供居住者进行便溺、洗浴、盥洗等活动的空间。住宅的卫生间一般有专用和公用之分。专用的卫生间只服务于主卧室；公用的卫生间与公共走道相连接，由其他家庭成员和客人公用。

1. 卫生间空间尺寸分析

　　卫生间一般是住宅面积最小的一个空间。虽然是小空间，但是设计不能粗心，只有掌握尺寸、动线，然后根据布局布置洗漱、淋浴等器具，才会给日后的生活带来更多的便利。卫生间位置在住宅中最好靠近卧室，通风与采光效果要好，私密性要强。

按照《住宅设计规范》（GB 50096—2011）的要求，卫生间使用面积不应小于下列规定。

（1）设便器、洗面器的为 1.80 m²。

（2）设便器、洗浴器的为 2.00 m²。

（3）设洗面器、洗浴器的为 2.00 m²。

（4）设洗面器、洗衣机的为 1.80 m²。

（5）设单级便器的为 1.10 m²。

卫生间空间以矩形为佳，可设置干、湿分区，既少占面宽又可将洗漱与浴厕隔开，增加它的使用功能，使户型更加"舒适"（图 3-49）。

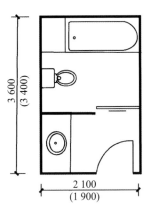

图 3-49　舒适型卫生间

2. 卫生间家具 / 洁具 / 设备尺寸

卫生间家具 / 洁具 / 设备尺寸见表 3-5。

表 3-5　卫生间家具 / 洁具 / 设备尺寸

序号	家具、洁具、设备名称	规格、型号 /mm
1	洗面盆	600/700/750/800/900/1 000 × 460 等
2	马桶	650 × 340 × 685
3	浴缸	长 1 220/1 520/1 680、宽 720、高 450
4	全自动洗衣机	520 × 539 × 935
5	滚筒洗衣机	840 × 595 × 570

3. 卫生间家具摆放

卫生间家具摆放，需考虑家庭成员数量、经济条件、文化、生活习惯、家具尺寸大小、空间结构特点等。卫生间家具摆放主要有独立型、兼用型和折中型 3 种类型。

（1）独立型：就是浴室、厕所、洗脸间各自独立划分为一个小空间。其优点是各室可以同时使用，使用时互不干扰，可以提高卫生间的使用率与舒适度；缺点是空间面积占用大，建造成本高，其适用于卫生间空间面积较大的情况（图 3-50）。

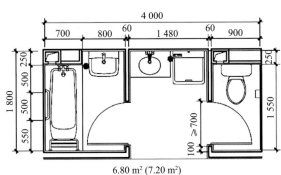

图 3-50　独立型卫生间家具摆放

（2）兼用型：将卫生间内的蹲便、淋浴、洗面盆集中到一个空间内摆放好，相互之间并没有独立分隔开。其适用于卫生间适用空间面积较小的户型，不适合人口多的家庭使用。其优点是节省空间、经济、管线布置简单；缺点是每次只满足一人使用，其他人只能在外等候（图 3-51）。

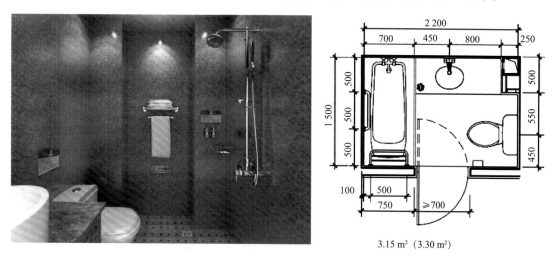

3.15 m² (3.30 m²)

图 3-51   兼用型卫生间家具摆放

（3）折中型：是指将卫生间空间内少数设备独立划分为一个空间，剩余的设备混合在一个空间内使用。通常，是将洗面盆与蹲便、淋浴做成干、湿分区，或将淋浴单独做成淋浴房，洗面盆与蹲便相邻摆放。其优点是节省一些空间，组合比较自由；缺点是部分卫生设施设置于一室时，有互相干扰的现象（图 3-52）。

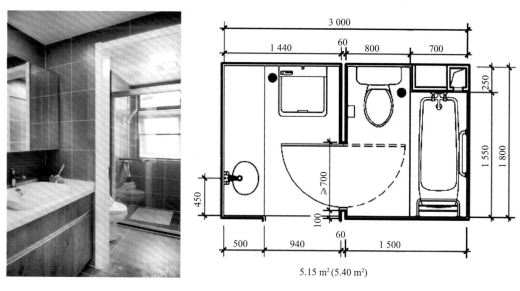

5.15 m² (5.40 m²)

图 3-52   折中型卫生间家具摆放

拓展任务 —— 阳台空间人体工程尺寸应用

拓展任务　阳台空间人体
工程尺寸应用

教学视频 3-8
卫生间空间家具摆放

◉ 任务小结 ....◉

1. 卫生间家具摆放形式有独立型、兼用型、折中型。

2. 卫生间空间功能：如厕、洗漱、淋浴。

◉ 课后练习 ....◉

判断题

1. 卫生间空间类型可分为主卫和客卫两种类型。　　　　　　　　　　　　　　　（　）

2. 在三室两厅一厨两卫的户型结构中，主卫生间可不用考虑做干、湿分区。　　　（　）

3. 卫生间家具主要有洗面盆、蹲便器、马桶、淋浴、浴缸、洗衣机等。　　　　　（　）

4. 独立型卫生间就是把洗面盆、蹲便、淋浴各自独立划分为一个小空间，在使用时互不干扰，可以提高卫生间的使用率与舒适度。　　　　　　　　　　　　　　　　　　　（　）

5. 兼用型卫生间是指把卫生间内少数设备独立划分为一个空间，剩余的设备混合在一个空间内用。通常是把洗面盆与蹲便、淋浴做成干、湿分区，或把淋浴单独做成淋浴房，洗面盆与蹲便相邻摆放。　　　　　　　　　　　　　　　　　　　　　　　　　　　　　　　（　）

6. 折中型卫生间是指把卫生间内的蹲便、淋浴、洗面盆集中到一个空间内摆好位置，相互之间并没有独立分隔开。　　　　　　　　　　　　　　　　　　　　　　　　　　　　（　）

7. 当卫生间空间的面积足够大时，可以考虑在卫生间内设计淋浴房。　　　　　　（　）

8. 卫生间空间必须设计成干、湿分区，这样才能使用得更加舒适。　　　　　　　（　）

项目4 住宅空间平面方案设计

项目导学

在住宅空间中，平面布局是设计的第一步，也是最重要的一步。它直接影响居住者生活功能的完善性和舒适度，合理的平面布局可引导一种积极的、健康向上的生活方式。

1. 在后疫情时代，人们生活方式和功能需求转变（居家办公、居家锻炼、家庭娱乐等），这种转变直接影响住宅内部空间布局设计的发展方向。

2. 设计时，先功能后形式，形式追随功能，使功能和形式达到一个完美的契合。设计服务于生活，强调以人为本，因此应增强服务意识及责任担当意识。

任务 4.1　门厅空间平面方案设计

任务目标

1. 了解门厅空间的功能；
2. 熟知门厅空间的常见类型；
3. 了解门厅空间设计的注意事项；
4. 掌握门厅空间的设计方法，能进行门厅空间平面方案设计。

任务重难点

1. 门厅空间的类型；
2. 门厅空间布局设计。

任务知识点

门厅也称斗室、过厅，是指厅堂的外门，是进出住宅的必经之处。

4.1.1　门厅空间的功能

在现代住宅中，门厅是开门后的第一道风景。在室内和室外的交界处，门厅是一块缓冲之地。门厅空间形态有时被称为灰空间，它与客厅等其他空间的界定有时很模糊，因此，在设计时有时需要设计一处隔断，既有界定空间、缓冲视线的作用，又具有画龙点睛的装饰作用。人们在日常生活中所指的狭义的门厅就是此类隔断。在设计门厅家具和隔断时，应考虑整体风格的一致性，避免为追求花哨而杂乱无章（图 4-1）。

图 4-1　门厅

1. 收纳储物功能

在门厅放置高柜是众多业主喜爱的布置方式，上层用来收纳不常用的物品，下层做成鞋柜储存鞋子，中间的区域用来放置钥匙、包等日常小物品取用的平台（图4-2）。

实现收纳储物功能的具体方法：一是利用一面墙凹进去的部分做一个整体柜，上面挂衣帽，下边放鞋或杂物，也可以摆放一个鞋柜，利用门后或一面墙体的挂钩挂衣帽；二是将衣橱、鞋柜与墙融为一体，将其隐藏，使其与环境和谐，与相邻的客厅或厨房、卫生间的布局、装饰融为一体。

门厅内可以组合的家具有鞋柜、壁橱、更衣柜等。在设计时应因地制宜，充分利用空间。另外，门厅家具在造型上应与其他空间风格一致，互相呼应（图4-2）。

图 4-2　收纳储物

2. 装饰美化功能

门厅是来客对家的第一印象，也是整个住宅设计的浓缩和精髓。门厅可以挂上个人喜欢的装饰画和艺术品摆件，使之成为"门面担当"。在进门处运用装饰手段，在视觉上进行处理，给人留下"视觉悬念"，起到缓冲的作用（图4-3）。

3. 隐私保护功能

中国传统文化重视礼仪，讲究含蓄内敛。门厅是屋外和屋内的缓冲，使屋外与屋内有一定的隔开，门厅形成的转折空间能够保护个人隐私，可以避免他人在屋外对整个居室一览无余，具有一定的安全性（图4-4）。

4. 其他功能

（1）整理容貌。在门厅处可放置装饰镜，既可以扩大视觉空间，又可以在出门前整理妆容（图4-5）。

（2）保暖功能。门厅在北方地区可形成一个温差保护区，避免冬天的寒风在平时和开门时通过缝隙直接入室。

门厅设计是设计师整体设计思想的浓缩，它在室内装饰中起到画龙点睛的作用，从而彰显主人所钟爱的格调。所谓突出格调，是指在装修设计、技巧、内涵上的和谐统一，体现的是居室主人喜爱的风格和审美观点。

图 4-3　装饰美化

图 4-4　隐私保护　　　图 4-5　整理容貌

4.1.2 门厅空间的设计

1. 门厅空间的类型

（1）独立式门厅。独立式门厅用到顶的组合柜和 L 形的矮柜打造步入式玄关区，矮柜下方悬空可储物，上方腾出空间做摆放，让入户区域更显别致大气。既能放置出门常穿的衣服，又能收纳常用物品，完美解决家里的收纳难题（图 4-6）。

（2）通道式门厅。利用过道空间，或者将鞋柜嵌入墙内打造 I 形玄关柜。如果空间不够大，首先满足最基本的换鞋、放鞋功能，其次才是放置换鞋凳、设置挂衣区等（图 4-7）。

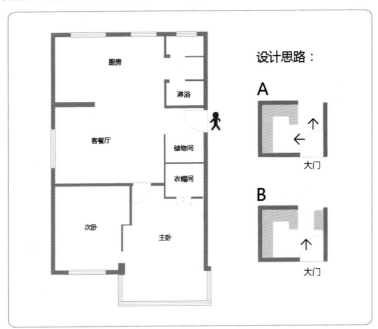

图 4-6 独立式门厅

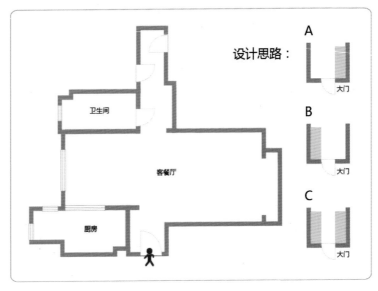

图 4-7 通道式门厅

（3）进门转弯式门厅。入户门处看到的是一面端景墙，转弯后进入公共空间。一般在门后或门对面做玄关柜。如果门后尺寸不够，可以利用门对面的空间设计 L 形玄关柜，打造进门的第一道风景线（图 4-8）。

在设计中引入行业制图标准和职业规范，要遵守建筑规范和职业操守，增强服务意识和责任担当。

2. 门厅隔断的形式

门厅隔断的形式主要有低柜隔断式、半柜半架式、半敞半蔽式、格栅围屏式、玻璃通透式等。

（1）低柜隔断式：以低形矮柜来限定空间，以低柜式成型的家具做隔断体，既可储放物品，又起到划分空间的作用。

（2）半柜半架式：柜架的形式可以上部为通透格架做装饰，下部为柜体；或以左右对称形式设置柜件，中部通透；或采用不规则手段，虚、实、散、聚，以镜面、挑空和贯通等多种艺术形式进行综合设计，以达到美化与实用并举的目的。

（3）半敞半蔽式：以隔断下部为完全遮蔽式设计，隔断两侧隐蔽，无法通透，上端敞开，可贯通彼此相连的吊顶。半敞半蔽式高度大多为1.5～1.8 m，通过使线条产生凹凸变化、墙面挂置壁饰或采用浮雕等景物的布置，达到浓厚的艺术装饰效果。

（4）格栅围屏式：一是用典型的中式镂空雕花木屏风、锦绣屏风或带各种花格图案的镂空木格栅屏风做隔断，具有古朴、雅致的风韵；二是用现代感极强的设计屏风做空间隔断，介乎隔与不隔之间，产生通透与隐隔的互补作用。

（5）玻璃通透式：是以大屏玻璃做装饰遮隔或在夹板贴面旁嵌饰艺术玻璃，如车边玻璃、喷砂玻璃、面刻古文玻璃、闪金粉磨砂玻璃、仿水纹玻璃、压花玻璃等通透或半通透的材料，既分隔大空间又保持其完整性（图 4-9）。

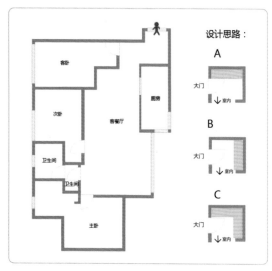

图 4-8　进门转弯式门厅

图 4-9　玻璃通透式

4.1.3 门厅空间设计的注意事项

1. 玄关宜下实上透

门厅玄关的装饰，下半部分以实心为佳，而上半部分应以通透为主，以保证进门采光的问题，这样就不会使玄关完全挡住光线，例如，通透的磨砂玻璃或空心的博古架非常适宜。

2. 不宜昏暗

从目前的居室格局来看，玄关大多数是没有自然光源的，在装饰时若采用厚实又不透光的材料，则安装一些照明灯是非常有必要的；若采用了通透的磨砂玻璃，则建议木地板、地砖或地毯的色彩不宜太深，相互搭配才能显现出最佳的装饰效果。

3. 隔断不宜过高

隔断以不超过上门框的高度为宜，如果设置高的屏风或隔断，会使客厅显得更狭窄，产生一种压迫感；同时，也会阻挡屋外之气。若设置太低，则没有效果，无实用价值。

4. 不宜杂乱

门厅必须时刻保持清洁状态，不宜堆放杂乱无章的东西，地上全是脱下的鞋子，墙上、柜上全是伞、提包、大衣等，这样不但阻碍人们出入，藏污纳垢，还会留下安全隐患。客厅玄关处凌乱、昏暗，也会令整个居室显得挤迫、压抑。这样的住宅无论壁面房间多么整洁，都会使人不舒服（图 4-10）。

图 4-10 门厅空间不宜杂乱

4.1.4 门厅空间平面案例分析

（1）独立式门厅，是较为理想的门厅形式。其优点是深度充足，可充分满足储物、挂衣等多种尺寸收纳。本方案门厅空间是独立的空间，两组 800 mm×350 mm×2 000 mm 的鞋柜并排放置，收纳空间充足，充分利用墙面空间，在立面和平面上丰富门厅的功能层次（图 4-11）。

（2）通道式门厅，一般空间比较局促，在布局设计中尤其要考虑空间的合理利用。本方案一面墙摆放两组 800 mm×500 mm×2 000 mm 的储物柜，对面墙摆放换鞋凳，坐凳和鞋柜双排放置，最大限度地用通道空间（图 4-12）。

（3）融合式门厅，本方案无明显的门厅区域，与餐厅空间融合，宽度相对较小，深度充足。坐凳和鞋柜为 L 形摆放，鞋柜靠墙，是入户门的对景（图 4-13）。

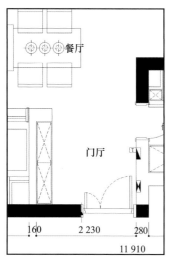

图 4-11　独立式门厅

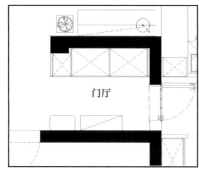

图 4-12　通道式门厅

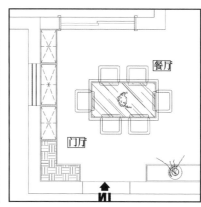

图 4-13　融合式门厅

◉ 任务小结

1. 门厅的功能：收纳储物功能、装饰美化功能、隐私保护功能、其他功能。
2. 门厅隔断的形式：低柜隔断式、半柜半架式、半敞半蔽式、格栅围屏式、玻璃通透式。
3. 门厅空间的类型：独立式门厅、通道式门厅、进门转弯式门厅。

◉ 课后练习

项目实操

1. 内容：根据给定的门厅空间原始框架图，完成门厅空间布局设计。
2. 要求：充分考虑门厅空间的功能需求，满足常规生活需求；家具摆放及设计合理，符合人体工程尺寸（图 4-14）。

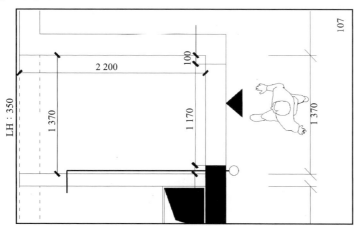

教学视频 4-1
门厅空间平面方案设计

图 4-14　课后练习图

任务 4.2 客厅空间平面方案设计

任务目标

1. 了解客厅空间的功能；
2. 熟知客厅空间的常见类型；
3. 了解客厅空间设计的注意事项；
4. 掌握客厅空间的设计方法，能进行客厅空间平面方案设计。

任务重难点

1. 客厅空间的类型。
2. 客厅空间布局设计。

任务知识点

客厅是家庭住宅的核心区域。在现代住宅中，客厅面积最大、空间开放、尺度适宜、地位最高。客厅具有多方面的功能，既是全家活动、娱乐、休闲、团聚等活动场所，又是接待客人、对外联系交往的社交活动空间。因此应精心规划设计，精选装饰材料，以体现主人的品位和意境。客厅风格基调往往是家居格调的主脉，决定着整个居室的风格。

4.2.1 客厅空间的功能

客厅空间在日常生活中是使用最频繁的空间。其主要活动内容有家庭聚谈、会客、视听、娱乐、阅读等（图 4-15）。客厅空间具体有以下功能。

（1）家庭聚谈。客厅空间首先是家庭团聚交流的场所，这也是客厅空间的核心功能。往往通过一组沙发或座椅的巧妙围合形成一个适宜交流的场所，场所的位置一般位于客厅的几何中心处，以象征此区域在居室的中心位置。家庭成员绕电视机展开休闲、饮茶、谈天等活动，形成一种亲切而热烈的氛围（图 4-16）。

图 4-15 客厅布置

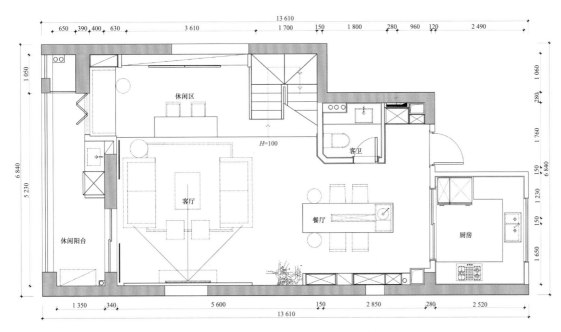

图 4-16   吧台设计进行巧妙的围合

（2）会客。客厅往往兼具会客厅的功能，是一个家庭对外交流的场所和对外的窗口，在布局上要符合会客的距离和主客位置上的要求，在形式上要创造适宜的气氛，同时要表现出家庭的性质及主人的品位，达到微妙的对外展示的效果。在我国传统住宅中，会客区域是方向感较强的矩形空间，视觉中心是中堂画和八仙桌，主客分列八仙桌两侧。而现代的会客空间的分割要轻松得多，它的位置随意，可以与家庭聚谈空间合二为一，也可以单独形成亲切会客的小场所。围绕会客空间可以设置一些艺术灯具、花卉、艺术品，以调节气氛。

（3）视听。我国传统住宅的堂屋常常有供人听曲看戏的功能，而现代视听装置的出现对其位置、布局及与家居的关系提出了更高的要求。电视机的位置与沙发座椅的摆放要吻合，以便坐着的人都能看到电视画面。另外，电视机的位置和窗的位置有关，要避免逆光及外部景观在屏幕上形成的反光，对观看质量产生影响。

（4）娱乐。客厅中的娱乐活动主要包括玩棋牌、唱卡拉 OK、弹琴、玩游戏机等。根据主人的不同爱好，应当在布局中考虑到娱乐区域的划分，根据每种娱乐项目的特点，以不同的家具布置和设施来满足娱乐功能要求。如卡拉 OK 可以根据实际情况或单独设立沙发、电视，也可以和会客区域融为一体，使空间具备多功能的性质。而棋牌娱乐需要有专门的牌桌和座椅，对灯光照明也有一定的要求，根据实际情况也可以处理成为和餐桌、餐椅相结合的形式。游戏的情况则较为复杂，应视具体种类来决定它的区域位置及面积大小。如有些游戏可以利用电视机来玩，那么聚谈空间就可以作为游戏空间。有些大型的玩具则需要较大的空间来布置。

（5）阅读。在家庭的休闲活动中，阅读占有相当大的比例。阅读没有明确的目的性，时间随意自在，因此不必在书房中进行。这部分区域在客厅中存在，其位置不固定，往往随时间和场合而变动。如白天人们喜欢靠近有阳光的地方阅读，晚上希望在台灯或落地灯旁阅读，而伴随着聚会所进行的阅读活动形式更不拘一格。阅读区域虽然有其变化的一面，但其对照明的要求、对座椅的要求及对存书设施的要求也是有一定规律的。人们必须准确地把握分寸，以免把客厅设计成书房（图 4-17）。

图 4-17 阅读区与客厅空间结合

4.2.2 客厅空间的设计

1. 客厅空间的划分

客厅空间一般由硬分区和软分区两部分组成。软分区又可利用不同装饰材料区分、利用装修手法区分、利用特色家具区分、利用灯光区分、利用植物区分。

（1）硬分区为相对封闭的空间。这种划分方式主要是通过隔断、家具的设置，使每个功能性空间相对封闭，并能从大空间中独立出来。一般采用推拉门、置物架等装饰手段来区分各个空间。但这种划分方式通常会减小空间使用面积，给人凌乱、狭窄的感觉。因此，这种办法在目前的家庭装饰中使用率不是很高。

（2）软分区用"暗示法"塑造空间。

①利用不同的装饰材料区分：例如，可以巧妙利用地面装饰材料，会客区采用柔软的地毯，餐厅采用易清洗的强化木地板，通道采用防滑地砖等，这样即使没有用隔断材料，但从地面装饰材料上已可以区别各个功能区。如果客厅足够大，也可以根据变化墙壁的色彩来区分不同区域，但最好能统一在一个大色调之内，以免给人杂乱无章的感觉。

②利用装修手法区分：各个功能性分区都有它的主要功能，可以利用独特的装修手法来区分。

③利用特色家具区分：由于各个功能性分区都有固定的主要功能，所以也都有各自的特色家具。

④利用灯光区分：照明的亮度和色彩是设计师用来区分功能性分区的另一种手段。通过灯具的设置、光影效果的变化，各个空间都能呈现出别样的风情，以光影演绎自然气息。

⑤利用植物区分：利用花架、盆栽等隔成不同区域。

2. 客厅沙发的布置

客厅沙发是客厅家具的重要角色，客厅沙发要根据客厅风格选择，但不同的客厅沙发摆放也有不同的布局要点。客厅沙发的布局设计可以根据户型选择，转角的方向最好是顺着墙角方向，这样可以节省空间（图 4-18）。

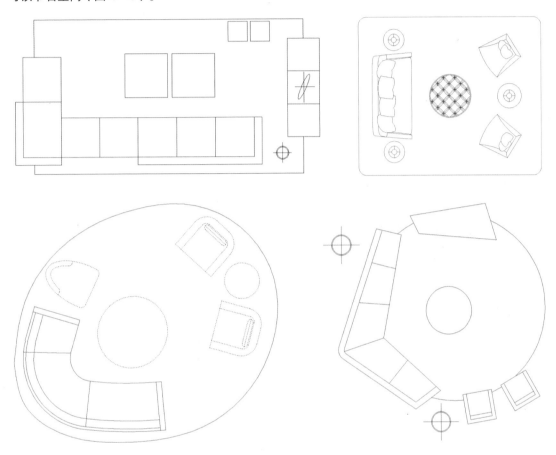

图 4-18 不同样式的沙发组合

（1）一字形布置。一字形布置非常常见，沙发前面摆放茶几，适用于客厅较小的家庭（图 4-19）。

（2）L 形布置。对于长形客厅可根据客厅长度选择双人或三人沙发，根据宽度选择单人扶手沙发或双人扶手沙发。茶几最好选择长方形的，边几和散件可以灵活选择要或不要。L 形布置可以根据客厅实际情况随意调整（图 4-20）。

（3）C 形布置。C 形布置是以一张大沙发为主体，两边配上两个单人扶手椅或扶手沙发的摆放方式。固定了主体沙发的位置后，另外两个辅助沙发（椅）的可以多角度摆放，最终形成一种聚集、围合的感觉（图 4-21）。

（4）平行式布置。将两个沙发平行对着摆放，事实上这是一种很好的摆放方式，尤其适合不爱看电视的人的客厅（图 4-22）。

（5）地台式布置。地台式布置不设具体座椅，只用靠垫来调节座位，松紧随意，十分自在，是一种颇为别致的布置方式。

（6）全围合布置。四面都摆放家具，所以家具变化的形式和种类非常多，适合经常呼朋唤友在家中围坐一起高谈阔论的人。如三人或双人沙发、单人扶手沙发、扶手椅、躺椅、榻、矮边柜等，都能根据实际需求随意搭配使用，只要最终格局能形成一个围合的方形。

图 4-19 一字形布置　　　　　　　　　　图 4-20 L 形布置

图 4-21 C 形布置　　　　　　　　　图 4-22 对放式沙发（平行式布置）

4.2.3 客厅空间设计的注意事项

客厅是家中最大的空间，要求有足够的空气流通，因此，需要注意的事项也较多。

（1）客厅不宜阴暗。客厅不宜阴暗，采光一定要足够，最好不是暗房，而是有窗户的明厅，常有清新的微风吹来，不致有异味，使人坐下来没有束缚感且精神宁静。如果有阳台也尽量不要摆放过多浓密的盆栽，以免遮挡光线，客厅壁面也不宜选择太暗的色调。如果客厅采光不足，就无法形成好的心理、生理环境，容易给人带来消极的影响。

（2）客厅地板不宜高低不平。客厅地板应平坦，不宜有过多的阶梯或制造高低的区别。有些客厅采用高低层次分区的设计，使地板高低有明显的变化，会很不方便。

（3）客厅不宜乱挂猛兽图画或塞满杂物和装饰品。客厅如悬挂花草、植物、山水图画或是鱼、鸟、马、白鹤、凤凰等吉祥动物图画，通常较无禁忌。但如果喜好悬挂龙、虎、鹰等猛兽图画时，则需要特别留意将画中猛兽的头部朝外，以形成防卫的格局，千万不可将猛兽的头部向内，面向自己。

客厅中如果塞满古董、杂物和装饰品，则容易堆积灰尘，影响气流畅通，从而容易使人气血不顺，健康受影响。

（4）客厅不宜设在卧室的后端。客厅不宜设在卧室的后端，而应位于卧室的前面或中央。因为客厅是人们聚集的地方，要求稳定；不应将客厅规划在动线内，使人走动过于频繁。客厅如果设在通道的动线中，容易使家人聚会或客人来访时受到干扰。

（5）客厅若有梁横跨，宜以装潢遮掩。客厅吊顶勿太低，太低会造成空间压抑感，如果吊顶有横梁，也会形成压抑的感觉，人们在横梁下容易造成精神紧张。设计时可将横梁遮掩在夹层的吊顶里，或用一些装饰手法巧妙地将它隐藏起来，也可以改变其结构，装修成各种美丽的造型，如传统式拱门、吊顶的延伸、彩绘等，或在横梁处将客厅分为两个区域。

（6）客厅要清静、安定，不可以是通道的动线，一般来说，进入客厅门口的斜对角不宜悬挂镜子，宜种植具有生命力的宽叶绿色植物。

4.2.4　客厅平面案例分析

案例一：一字形沙发，本案例客厅比较方正，开间为3 200 mm，进深为3 700 mm，面积约为12.0 m²，进深相对小一些，刚好可以合理地利用空间并保证各功能区域的合理分配（图4-23）。

案例二：L形沙发，本案例客厅开间相对深一些，不适合围合型和一字形客厅沙发设计，开间为3 600 mm，进深为4 500 mm，面积约为16.0 m²，而L形厨房刚好满足空间的合理分配。在保证客厅的使用功能的情况下，还能保证沙发摆放不影响空间动线（图4-24）。

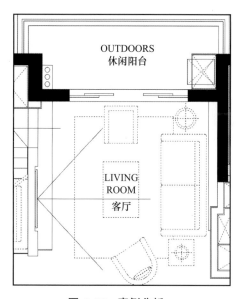

图4-23　案例分析一

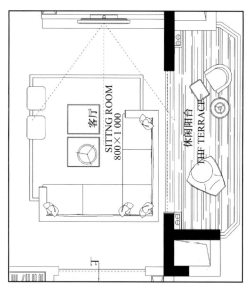

图2-24　案例分析二

◉ 任务小结 ···◎

1. 客厅的功能：家庭聚谈、会客、视听、娱乐、阅读。

2. 客厅沙发的常见布置：一字形布置、L形布置、C形布置、对放式布置、地台式布置、全围合布置。

3. 客厅设计的注意事项：客厅不宜阴暗、客厅地板不宜高低不平、不宜乱挂猛兽图画或塞满杂物和装饰品、客厅若有梁横跨宜以装潢遮掩、客厅宜多使用圆形造型的装饰物。

教学视频4-2
客厅平面方案设计

◉ **课后练习** ···◎

项目实操

1. 内容：根据给定的客厅空间原始框架（图 4-25），完成客厅空间布局设计。

2. 要求：充分考虑客厅空间的功能，满足常规生活需求；家具摆放及设计合理，符合人体工程尺寸。

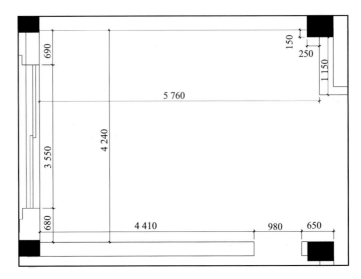

图 4-25　客厅空间原始框架

任务 4.3　餐厅空间平面方案设计

任务目标

1. 了解餐厅空间的功能；

2. 熟知餐厅空间的常见类型；

3. 了解餐厅空间设计的注意事项；

4. 掌握餐厅空间布局设计方法，能进行餐厅空间平面方案设计。

任务重难点

1. 餐厅空间的类型；

2. 餐厅空间布局设计。

任务知识点

餐厅是家人日常进餐并兼作宴请亲友的活动空间。餐厅位置应靠近厨房，并居于厨房与客厅之间最为有利，在布局设计上则完全取决于各个家庭的不同生活与用餐习惯。一般对于餐厅的要求是便捷、卫生、安静、舒适。除在固定的日常用餐场所外，也可按不同时间、不同需要临时布置各式用餐场所。

4.3.1   餐厅空间的功能

餐厅空间的功能不仅是就餐，也有会谈的功能。餐厅空间布局不仅要考虑它呈现的视觉效果，更要考虑餐厅空间的实用性。所以，配置一些在风格上与主调一致的实用性家具，会增加整个餐厅的层次。就餐餐桌、餐椅是必不可少的。除此之外，还应配以餐饮柜，即用来存放部分餐具、用品（如酒杯、起盖器等）、酒、饮料、餐巾纸等就餐辅助用品的家具。餐厅空间也可兼具品茶、品酒等功能（图 4-26）。

4.3.2   餐厅空间的设计

餐厅根据位置的不同，可分为以下 3 种。

1. 独立式餐厅

独立式餐厅常见于较为宽敞的住宅，有独立的房间作为餐厅，面积较为宽余。目前，人们的住房面积普遍不大，对于面积较小的餐厅，餐桌、餐椅、餐饮柜的摆放与布置必须为家庭成员的活动留出合理的空间（图 4-27）。

2. 厨房中的餐厅

厨房与餐厅同在一个空间，在功能上是先后相连贯的，即"厨餐合一"。厨房与餐厅合并的布置，就餐时上菜快速简便，能充分利用空间，较为实用。只是需要注意不能使厨房的烹饪活动受到干扰，也不能破坏进餐的气氛。要尽量使厨房和餐厅有自然的隔断或使餐桌远离厨具，餐桌上方应设置集中照明灯具（图 4-28）。

3. 客厅中的餐厅

在客厅内设置餐厅时，用餐区的位置以邻接厨房并靠近客厅最为适当，这种布置方式可以同时缩短膳食供应和就座进餐的交通线路。餐厅与客厅之间通常采用各种虚隔断手法灵活处理，如采用壁式家具作为闭合式分隔，用屏风、花格作为半开放式的分隔，用矮树或绿色植物作为象征性的分隔，甚至不做处理（图 4-29）。

图 4-26   餐厅空间的功能

图 4-27   独立式餐厅

图 4-28   厨房中的餐厅

图 4-29   客厅中的餐厅

4.3.3　餐厅空间设计的注意事项

1. 餐厅位置注意事项

餐厅不宜设置在住宅的西方，因为下午太阳西晒，使人容易懒散，也容易使人养成好吃的习惯。在西南方位设置餐厅也不理想，容易受厨房的油烟侵袭，由于气流关系灰尘多，会影响胃的健康。

南方是一所住宅采光最好的地方，餐厅设置在南方，似乎有些浪费空间。由于冬季多刮西北风或东北风，如将餐厅设置在房屋的北方，则很难保暖和换气。因此，餐厅设置在房屋北方也不是最佳选择。如需将餐厅设在东北方和西北方，会有寒气较重或情绪不够明朗、稳定之感，所以，在布置时应该力求明亮。

餐厅不宜设置在进门处，大门是纳气的地方，气流较强。餐厅和厨房的位置也最好不要太远，距离过远会耗费过多的备餐时间。

2. 餐厅布置格局注意事项

餐厅的布置要精致典雅、简单洁净，千万不能杂乱或摆设太多物品。餐厅的灯光不能让人产生视错觉，也不能影响食物的色泽。墙面不能过于花哨甚至夸张，色彩应该明亮。餐厅空间环境会影响人的食欲和健康，不仅要注意餐厅的布局和装饰，而且要注意餐厅的空气流畅和清洁卫生。

同时，餐厅的吊顶不宜有梁、柱。若有，则可在梁、柱下悬挂葫芦等饰物，以避免梁、柱压向餐桌。不要在餐厅墙上挂对感官刺激太大的画和镜子，对感官刺激太大的画会分散人们的注意力，镜子可能使视觉混乱，无助于提高空间品质，人们对着镜子会不自觉地拘束起来。

3. 餐桌、餐椅的选择

餐桌、餐椅的大小宜配合人数设计，不宜太大或太小，高度也要适中，过高或过矮都会影响用餐者的情绪。餐桌、餐椅不宜有直角，桌沿的直角容易伤人。最好不要采用玻璃、金属或大理石的餐桌，木制家具对房间有积极的影响，能给人以稳固的支持感。餐桌、餐椅宜采用圆形的，因为圆形能激发人的创造力，圆形能将一家人聚拢到一起，方便一家人坐到一起闲聊。

4. 餐桌不宜对着卫生间门

卫生间潮湿且易散发不好的味道，餐桌对着卫生间门，不仅影响食欲，也妨碍健康。卫生间门应该朝着其他方向。如果室内的原始分割就是卫生间门朝着餐桌的，应该在装修时加以改造。

5. 其他

购买冰箱时应该尽量选择环保型的，其既不会破坏室内空气，又不会破坏大气层。通常客厅和餐厅都有通道，餐桌不宜摆放在通道之上，以免影响家人行走。若餐厅内设置冰箱，则水箱不宜向南，应以北为最佳。

4.3.4　餐厅平面案例分析

案例一：独立式餐厅。本案例中餐厅空间是独立的，开间为 2 500 mm，进深为 3 200 mm，面积约为 8.0 m²，放了一张椭圆形餐桌。椭圆形餐桌不仅满足了使用功能，同时预留了到每个房间的主动线（图 4-30）。

案例二：厨房中的餐厅。本案例中厨房和餐厅合二为一，开间为 3 900 mm，进深为 4 200 mm，面积约为 17.0 m²。在相对较小的空间中，既解决了两个空间面积不足的问题，同时扩大了厨房面积，增加了不少功能（图 4-31）。

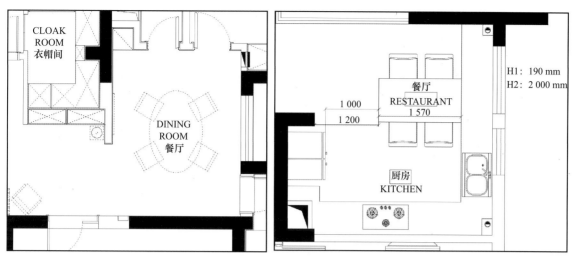

图 4-30　案例分析一　　　　　　　　　　　图 4-31　案例分析二

◉ 任务小结 ···◎

1. 餐厅空间的设计形式：独立式餐厅、厨房中的餐厅、客厅中的餐厅。

2. 餐厅空间布局设计的注意事项：餐厅不宜设置在房屋的西方，餐厅不宜设置在进门处，餐厅的布置要简单洁净，餐桌、餐椅的大小宜配合人数设计，餐桌不宜对着卫生间门等。

◉ 课后练习 ···◎

项目实操

1. 内容：根据给定的餐厅空间原始框架（图 4-32），完成餐厅空间布局设计。

2. 要求：充分考虑餐厅空间的功能，满足常规生活需求；家具摆放及设计合理，符合人体工程尺寸。

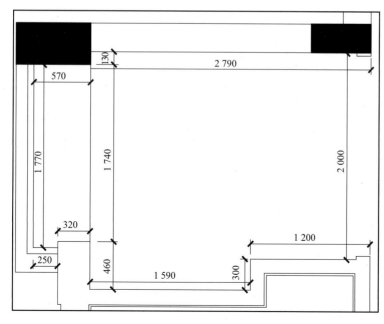

教学视频 4-3
餐厅平面方案设计

图 4-32　餐厅空间原始框架

任务 4.4 主卧室空间平面方案设计

任务目标

1. 了解主卧室空间的功能；
2. 熟知主卧室空间的常见类型；
3. 了解主卧室空间设计的注意事项；
4. 掌握主卧室的设计方法，能进行主卧室空间平面方案设计。

任务重难点

1. 主卧室空间的类型；
2. 主卧室空间布局设计。

任务知识点

卧室是供人们休息睡眠的场所，是居室中最具私密性的房间，也是家庭生活中最重要的部分。卧室的功能布局和设计氛围直接影响到主人的生活质量。现今生活节奏加快，人们在外面经过了一天的劳累，身心需要得到充分的放松和休息。回到家中，人们希望卧室带给他们的不仅是睡眠，还有十足的安全感。

4.4.1 主卧室空间的功能

卧室设计必须力求隐秘、恬静、舒适、便利、健康，在此基础上寻求温馨氛围与优美格调，充分释放自我，使居住者的身心愉悦（图 4-33）。

图 4-33 卧室空间设计

根据房间的面积、功能、位置，卧室又可分为主卧室、次卧室。主卧室一般是指家庭主人的卧室，通常空间大，采光好，带有独立卫生间或阳台。除主卧室外的卧室都可称作次卧室。次卧室一般用作子女房、老人房或客房，有时也用作保姆房（图4-34）。次卧室与主卧室的功能类似，主要是睡眠，兼有学习、储藏、娱乐等方面。但由于家庭结构、生活习惯的不同，住户对卧室也有不同的安排。不同的居住者对于卧室的使用功能有着不同的设计要求。根据卧室的不同使用功能，可对卧室空间进行分区，具体分为睡眠区、更衣区、化妆区、休闲区、读写区、卫生区。设计时要考虑防雨要求、防潮要求、隔声要求、休闲要求、私密要求、储存要求。

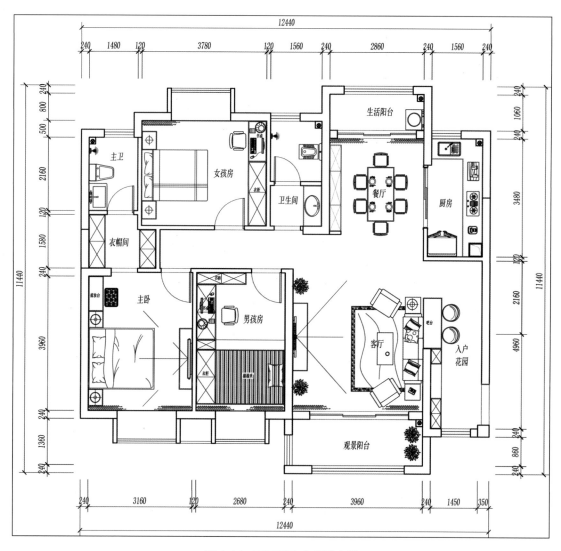

图 4-34　不同卧室空间的布置

4.4.2　主卧室空间功能分析

　　主卧室是供主人居住、休寝的空间，要求有私密性、安宁感和心理安全感。在设计上，应营造出一种宁静、安逸的氛围，并注重主人的个性与品位的表现。在功能上，主卧室是具有睡眠、休闲、梳妆、更衣、储藏、盥洗等综合实用功能的活动空间。

　　床作为主卧室中最主要的家具，双人床应居中布置，满足两人从不同方向上下床及铺设、整理床褥的需要。

　　对于兼有工作、学习功能的主卧室，需要考虑布置工作台（写字台）、书架及相应的设备。对于年轻夫妇，还要考虑在某段时期可能放置婴儿床；同时，又不影响其他家具的正常使用，如妨碍衣柜门的开启或使通道变得过于狭窄而不便通行等（图4-35）。

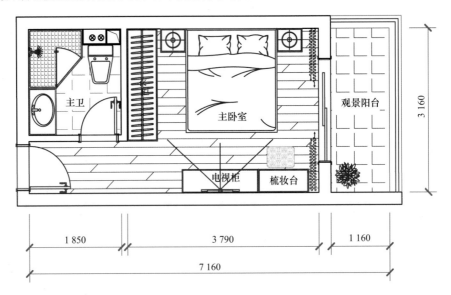

图 4-35 主卧室的常见布置

（1）睡眠区位：要从夫妇双方的婚姻观念、性格类型和生活习惯等方面综合考虑。在形式上，主卧室的睡眠区位可分为夫妻共栖式和夫妻自由式两种类型。

①夫妻共栖式：包括双人床式和对床式。前者具有极度亲密的特点，但双方易受干扰；后者则保持适度距离，易于联系。

②夫妻自由式：即同一区域的两个独立空间，两者无硬性分割。其包括开放式，即双方睡眠中心各自独立；闭合式，即双方睡眠中心完全分隔独立，双方私生活不受干扰。

（2）休闲区位：是指在主卧室内满足主人视听、阅读、思考等以休闲活动为主要内容的区域。在布置时，可以根据夫妻双方在休息方面的具体要求，选择适宜的空间区位，配以家具与必要的设备。

（3）梳妆活动空间：一般以美容设备为主，可按照空间情况及个人喜好分别采用活动式、组合式和嵌入式的梳妆家具形式。

（4）储藏空间：卧室储藏物多以衣物、被褥为主，一般嵌入式的壁柜系统较为理想，这样有利于加强卧室的储藏功能；也可根据实际需要，设置容量与功能较为完善的其他形式的储藏家具或单独的储藏空间。

（5）盥洗空间：主卧室的布置应满足隐秘、宁静、便利、合理、舒适和健康等要求。在充分表现个性色彩的基础上，营造出优美的格调与温馨的气氛，使主人在优雅的生活环境中得到充分的放松休息与心绪的宁静。

4.4.3 主卧室空间布局

（1）较大的主卧室可设衣帽间和独立卫生间，主卫、客卫互不干扰。独立式衣帽间既提升了卧室的物品收纳能力，又保证了衣帽间的私密性、功能性和装饰效果。这样不仅方便生活，也更符合都市年轻人的生活理念。当衣帽间内两边都是高柜时，通行和操作使用空间不得小于 900 mm（图4-36）。

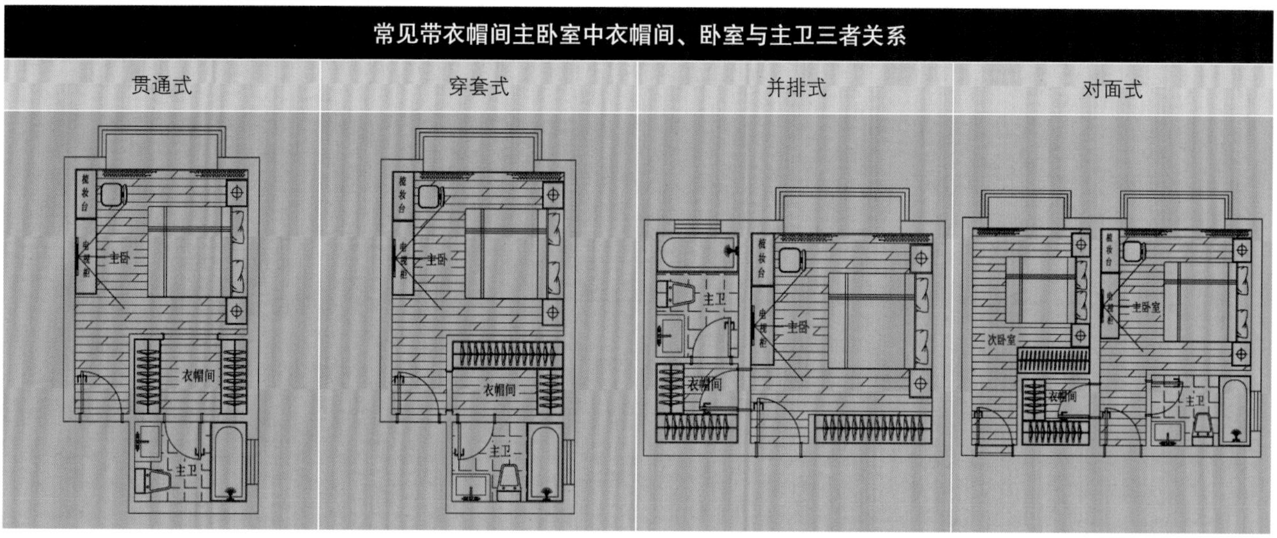

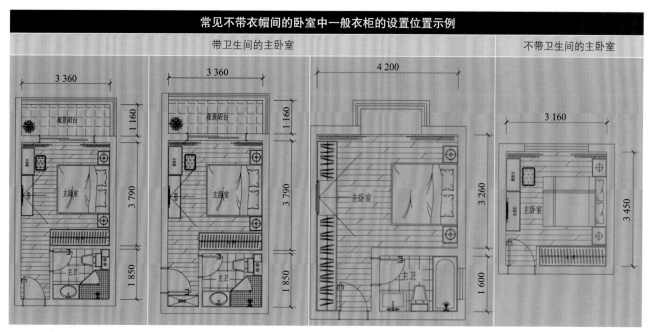

图 4-36　带衣帽间和主卫的主卧室

（2）很多小户型的主卧室中没有衣帽间，此时床和衣柜的布置尤为重要。一般床居中布置，在床的一侧靠墙设计衣柜，房间开间较大时可在床尾方向靠墙设计衣柜（图 4-37）。衣柜和床之间预留宽度应在 600 mm 以上，平开门式衣柜门扇宽度为 400 ～ 500 mm，保证人在开启柜门时有足够的空间站立。衣柜门扇宽度不超过 1 200 mm，通道宽度保证一个人的活动自如和两个人侧身错位通过的空间。

图 4-37　不带衣帽间的主卧室中衣柜的设置位置

4.4.4　主卧室空间设计的注意事项

1. 床头不宜正对房门

床头正对房门容易使人产生不安全感。避免的方法是将睡床移开，避免床头与房门呈一直线，这样也避免了人在睡眠时受风。若睡床不能移动，那么也可以倒过来睡。睡床要与门保持一定角度。睡床也不宜靠卫生间墙，否则会吸进湿气，使人容易生病。睡床不能四边无靠而放中央。床头一定要顶在实体墙上。

2. 床头不宜横梁压顶

睡觉时，头部处于横梁之下，会给人带来压抑感，把床头移开一些来避免横梁，便可以化解这种横梁压顶的压抑感。床头空出的位置可以采用柜、书架或杂物架来填补，这样既可避免床头露空，又可节省空间。

卧室床头上方的吊顶最好是平面，不要下坠或凹进，不做假梁。若因为上方面积小，或因为其他原因而避不开，可采用假吊顶将横梁掩盖起来，让假吊顶来承受横梁压顶所带来的心理不适感，以减小人的心理压力；还可以改为上下格床，上格放棉被，人睡下格，这样便可缓解横梁压顶所带来的心理不适感。

3. 顶部不宜悬挂吊灯

主卧室顶部不宜悬挂吊灯，因为吊灯处在屋顶中心位置，这个位置下面可能是睡床，吊灯直接吊在睡床上方，久而久之对消化系统不利。也不要使用装饰性太强的悬顶式吊灯，它们会使房间产生许多阴暗的角落，部分区域光线太强并刺眼。

4. 床头不宜靠近窗户

床头靠近窗户，晴天时从窗口透入的阳光会直射床头，直照眼睛和脸部；雨天时风雨又会从窗缝渗入，影响睡眠。一旦遇到台风或打雷闪电，床头靠近窗户会增加危险，而且会影响家人的安宁和家居安全。窗户的作用在于采光和透气，人处于睡眠状态时全身放松，毛孔张开，抵御外界的侵袭能力下降。如果床头靠近窗前，很容易受风感冒。

5. 床头不宜正对镜子

床头正对镜子，容易给人造成心理上的威胁感。镜子正对床头会在某种程度上影响睡眠，导致心悸失眠、精神涣散。睡房中不宜摆放太多镜子，最好是在衣柜门的内侧装镜子。如在睡房中摆放有镜子的梳妆台，要注意镜子尽量不要正对床。也不宜把玻璃安装在卧室吊顶上，玻璃虽然不是镜子，但依然可以照出人影，效果与镜子照床一样不好。

6. 卧室内不宜放置电器

科学证明，电流辐射会影响人体健康。如果卧室内摆放电视机、计算机、冰箱，要注意不宜摆放在床头、床尾，可以放置在床的两边，距离床越远越好。

强调：在布局时，应增强服务意识，坚持以人为本，为客户设计出更加舒适的主卧室空间。

4.4.5　主卧室平面案例分析

1. 内容

根据给出的主卧室空间原始结构（图 4-38），分析衣柜的摆放位置与固定方式。

2. 要求

分析主卧室空间结构尺寸，人、家具与空间的尺寸关系，家具摆放位置合理且使用舒适、便利，符合人体工程尺寸。

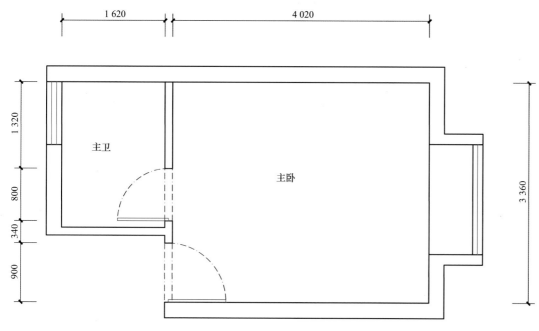

图 4-38　主卧室原始结构

3. 分析

（1）从主卧室空间原始结构中可以看出，该空间进深为 4 020 mm，开间 3 360 mm，不能满足设置独立衣帽间的条件，则考虑在卧室一侧放置独立衣柜。主卫生间门右侧的墙体尺寸为 1 320 mm，如果在此处放置衣柜，则衣柜尺寸较小，储物空间不足，此方案欠佳（图 4-39）。

（2）在床尾方向靠墙设置衣柜，需预留门的开启空间 ≥ 900 mm，则可定做衣柜宽度尺寸为 3 100 mm，深为 550 mm；主卧放 1 800 mm × 2 100 mm 的床，床两边可分别放宽 500 mm 床头柜各一个，一侧还可放 1 000 mm 宽的梳妆台，此时床尾与衣柜间尺寸为 710 mm，可以保证通行和拿取衣物（图 4-40）。

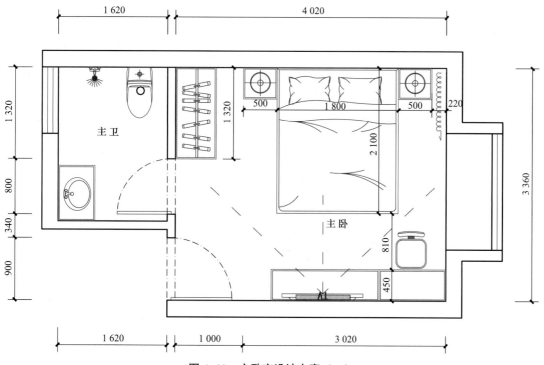

图 4-39　主卧室设计方案（一）

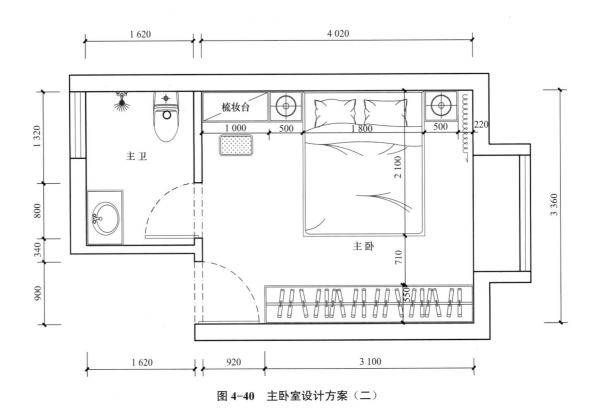

图 4-40　主卧室设计方案（二）

◉ 任务小结 ···◉

1. 卧室空间分区：睡眠区、更衣区、化妆区、休闲区、读写区、卫生区。
2. 主卧室的睡眠区位可分为夫妻共栖式和夫妻自由式两种类型。
3. 主卧室是具有睡眠、休闲、梳妆、更衣、储藏、盥洗等综合实用功能的活动空间。

◉ 课后练习 ···◉

项目实操

1. 内容：根据给定的主卧室空间原始框架（图 4-41），完成主卧室空间布局设计。
2. 要求：充分考虑卧室空间的功能需求，满足常规生活；家具摆放及设计合理，符合人体工程尺寸。

教学视频 4-4
主卧室空间平面方案设计

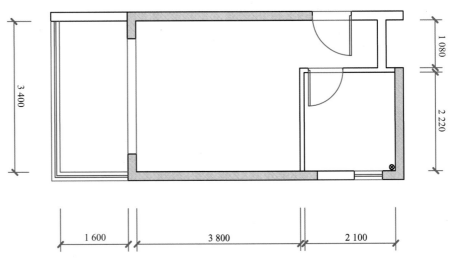

图 4-41　主卧室空间原始框架

任务 4.5　儿童房空间平面方案设计

任务目标

1. 了解儿童房空间的功能；
2. 熟知儿童房空间的常见类型；
3. 了解儿童房空间设计的注意事项；
4. 掌握主卧室儿童房的设计方法，能进行儿童房空间平面方案设计。

任务重难点

1. 儿童房空间的类型；
2. 儿童房空间布局设计。

任务知识点

儿童房主要是孩子的卧室、起居室和游戏空间，是孩子的自由天地。儿童房的装饰设计要符合孩子的生长年龄段，不同年龄特征有不同的爱好，因此，房间的功能布局也要随之做相应的变化。

4.5.1　儿童房空间的功能

儿童房是孩子享受大部分童年时光的地方，也是他们成长的空间，根据他们的性格年龄来布置是很重要的。儿童房主要可规划为储物区、睡眠区、学习区、娱乐区。

（1）储物区（衣柜、玩具柜）：儿童房的衣柜在总体外观尺寸和成人的设计方面是没有太大区别的，我们只需要根据孩子的身高和房间尺寸合理规划衣柜的大小即可。5 岁以下的孩子身高大约 1 m，穿衣自理能力相对来说都比较差。因此，在设计孩子生活自理区域（如收纳玩具、衣物等）时的尺寸可以参考：挂衣杆的位置在 800 ~ 1 000 mm。抽屉区：一般设计在衣柜的底部，建议一次设计两个抽屉，总共 400 mm 高度即可，当孩子后期长高以后，可以将抽屉拆卸安装至成人的正常高度 800 ~ 1 000 mm，拆装后的区域可放置一些收纳盒或变为叠放区域，抽面与抽面之间的拉手无须留缝，并且导轨最好是阻尼轨道，以免夹到手。叠放区若按正常的设计，1 000 mm 以下隔板应以固定隔板设计为主，防止其翻动跌落，孩子的生活自理区域仅需设计 1 m² 大小即可。对于 6 岁及以上的孩子来说，自理区域可适当加大一些，并设计抽屉类及叠放区，挂衣区域均可按孩子身高进行适当调整。床头柜的高度不能超过 450 mm，且大多以两抽床头柜或单抽床头柜设计为主。

（2）睡眠区：由于孩子正处于骨骼成长的关键阶段，因此，成人类软床、过软床垫及软垫均不适宜孩子，我们可以采用平板床 + 棕垫 + 棉絮等。榻榻米也是儿童房设计需要重点考虑的，榻榻米高度：学龄前为 350 ~ 400 mm，学龄期以后则为 400 ~ 450 mm，注意榻榻米的收纳功能，大多以侧面功能抽屉及上翻门较为合理。

（3）学习区：学习功能是儿童房都需要具备的，因为学龄前的时期很短暂，3 岁的幼儿园就有各类作业（绘画、写字、1+1 算数），因此，这也是需要重点考虑的，并且书桌在设计上应光线充足。若高度为 750 mm 则设计可调节的结构，书桌结构必须要稳固，椅子的选择也非常重要，不要选择容易翻倒的坐椅，且椅子坐高最好以 400 ~ 450 mm 为佳，台面的深度为 550 mm 左右即可，台面的长度通常以 1 000 ~ 1 200 mm 为佳。底部则设计为学习自理区域，用来放置书包和书籍等，底部抽屉隔板间高度大概为 300 mm 即可，学习灯光则以卤素灯、点灯为主。

（4）娱乐区：每天父母应花一些时间陪伴孩子，因此，设计儿童房时不能忽略娱乐功能，留一些白贴照片墙、个性创作板、活动桌、展示板、黑板白板等设计都是可以的，儿童房的活动空间宽度至少应不低于 3 倍肩宽，也就是 1 200 mm 左右，高度还需不低于 1 000 mm。

在儿童房设计时要充分考虑睡眠区、学习区和娱乐区，这三个区域的布局缺一不可。要注意整体房高不能低于 2 400 mm，虽然提到了颜色要鲜活，但也只是针对 2～8 岁的孩子。当孩子对色彩有了一定认识时，配色还需要有足够留白，给孩子留下想象的空间。

4.5.2　儿童房空间设计类型

儿童房相对主卧室可称为次卧室，是子女成长与发展的私密空间，在设计上充分考虑子女的年龄、性别与性格等特定的个性因素。孩子在成长的不同阶段对居室空间的使用要求不同，根据年龄段不同及对使用要求的不同，可分为婴幼儿期（0～6 岁）、童年期（6～13 岁）、青少年期（13～17 岁）3 个阶段期。

（1）婴幼儿期卧室：婴幼儿期指的是 0～6 岁年龄段，可以将这段时期分为 0～3 岁期和 3～6 岁期两个阶段。0～3 岁期，婴幼儿对空间的要求很小，这个时期的设计还应考虑到充分的阳光、新鲜的空气、适宜的室温要求（图 4-42）；3～6 岁期的孩子活泼好动，想象力丰富，可以布置幻想性、创造性的游戏活动区域，房间的颜色可较大胆，如采用对比强烈、鲜艳的颜色，充分满足孩子的好奇心与想象力。家长们可以为他们提供尽可能多的整块活动空间，如儿童房的中间地带，家具不宜太多，但要非常实用，旨在锻炼孩子的自理能力，引导他们能养成独立自我的思维方式（图 4-43）。

图 4-42　0～3 岁婴幼儿期卧室布置

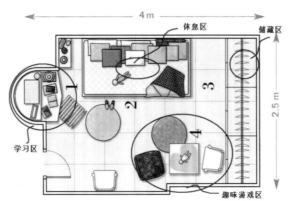

图 4-43　婴幼儿期卧室布置

（2）童年期卧室：童年期指的是 6 ～ 13 岁年龄段，属于小学阶段。这个时期设计需要考虑孩子的学习是有意行为要求，并重视游戏活动的配合，可用活泼的暗示形式引导兴趣，启发创造能力，激励发展目标（图 4-44、图 4-45）。

（3）青少年期卧室：青少年期指的是 14 ～ 17 岁年龄段，属于中学期。这个时期设计需要考虑孩子身心发展快速，但未真正成熟，纯真活泼、富于理想、热情鲁莽且易冲动，以及学习、休闲皆需重视，以陶冶情操为重点（图 4-46、图 4-47）。

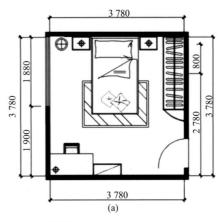

(a)

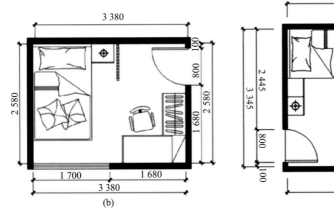

(b)

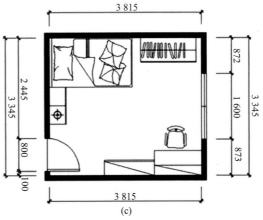

(c)

图 4-44　童年期卧室设计

图 4-45　童年期卧室布置

图 4-46　青少年期男孩房布置

图 4-47　青少年期女孩房布置

4.5.3　儿童房的设计原则

考虑孩子的成长，创造可弹性利用的空间。安全性设计具有重要地位，同时，还要留出一定空间供孩子玩耍。在条件允许的情况下，保留一片空白墙供孩子画图使用，或设置一块大面板。避免呆板、僵硬的设计，活泼有创意的设计有助于培养孩子乐观向上的性格。儿童房的设计可以多姿多彩，但应遵守以下几个原则：

（1）共同参与规划：由于每个孩子的个性、喜好有所不同，因此，对房间的摆设要求也会各有差异，父母不妨与孩子多沟通，了解其喜好与需求，并让孩子共同参与设计、布置自己的房间。

（2）充足的照明：儿童书房可以不用考虑朝向，但是光线要控制好，不能太刺眼，要有一个亮度适宜的台灯。台灯要可以调节高度和亮度，样式大方为好，让孩子学习时可以集中精力。最好选择儿童专用护眼灯，使光线更加接近自然光，可以保护孩子的视力。合适且充足的照明能让房间温暖、有安全感，有助于消除孩童独处时的恐惧感。

（3）柔软、自然的素材：由于孩子的活动力强，所以在儿童房空间的选材上，宜以柔软、自然素材为佳，如地毯、原木、壁布或塑料等。这些耐用、容易修复、非高价的材料，可营造舒适的睡卧环境，也令家长没有安全上的忧虑。

（4）明亮、活泼的色调：儿童房的居室或家具色调，最好以明亮、轻松、愉悦为选择方向，色彩上不妨多点对比色，过渡色彩一般可选用白色。将孩子的空间设计得五彩缤纷，适合孩子天真的心理，有助于塑造健康的心态。儿童房是需要多彩的，从色彩的角度来说，绿色是对孩子心理成长最佳的色彩。但整体色调不要过于花哨，否则容易让孩子心乱、烦躁。墙面配色最多不要超过3种，如白色、绿色，再加一种对比色，给孩子的书房增添一些趣味。

（5）可随时重新摆设：为保证有一个尽可能大的游戏区，家具不宜过多，应以床铺、桌椅及贮藏玩具、衣物的橱柜为限。

（6）安全性：安全性是儿童房设计时需要考虑的重点之一。孩子生性活泼好动，好奇心强，同时破坏性也强，缺乏自我防范意识和自我保护能力，在布置房间时应该更心细一些。在儿童房装修设计上，要避免意外伤害发生，建议室内最好不要使用大面积的玻璃和镜子；窗户设护栏、家具的边角和把手应该不留棱角和锐利的边；地面上也不要留容易磕绊的杂物；电源最好选用带有插座罩的插座；玩具架不宜太高，应以孩子能自由取放为好，棱角应有棉套等辅助装饰。家具、建材应挑选耐用的、承受破坏力强的、使用率高的、无毒的安全建材。

（7）预留展示空间：学龄前儿童喜欢在墙面随意涂鸦，可以在其活动区域（如壁面上）挂一块白板或软木塞板，让孩子有一处可随性涂鸦、自由发挥的天地。这样不会破坏整体空间，又能激发孩子的创造力。孩子的美术作品或手工作品也可利用展示板或在空间的一隅加个置物架，既满足孩子的成就感，也达到了趣味展示的作用。

4.5.4 儿童房空间设计的注意事项

（1）房门不要与洗手间正对，而孩子的房间也不应该在洗手间旁边，否则会影响孩子的学习专注度。另外，房间设计忌"两头通"，是指房间的门（特别是推拉门）拉开时，门口正对房间另一头窗户、阳台等通往外界的门口，窗户外忌有烟囱和水渠等呈现动态的物象，这些会导致孩子在思维上的混乱，尤其是数理方面。

（2）主题颜色不宜太深沉和太强烈，太深沉和太强烈的颜色都不适合孩子成长，吊顶以乳白色为好，暗色气氛压抑，而不同个性的孩子应配合不同的墙身颜色。若性情急躁，不建议用水红或大红；个性安静则避免用冷色调，应选用暖色，可以安排采光较好的房间给喜静的孩子；选用油漆要注意环保标准，刺激性的气味会影响孩子的健康。

（3）床的摆放位置。不宜安排在梁下或阳台，若房屋为多层，床则不要放在洗手间、厨房灶台的上下，这些都影响孩子的成长。

（4）书桌的摆放位置。不宜摆放在窗下，因为靠窗容易让孩子被窗外的景物影响而分心，不利于学习。其次，不宜摆放在侧对着门或者背靠门的位置，会给人一种不安全的感觉。适合靠墙摆放在僻静角落，既有安全感，又不易受到打扰。

4.5.5 儿童房平面案例分析

1. 内容

根据给定的儿童房空间原始框架图（图4-48），完成儿童房空间布局设计。

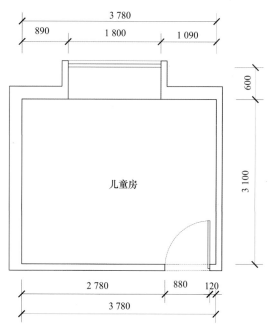

图 4-48 儿童房空间原始框架

2. 要求

充分考虑儿童房空间的功能需求，满足常规生活；家具摆放及设计合理，符合人体工学尺寸。

3. 分析

（1）设计方案一：对于户型不大，又有两个小孩的家庭来说，儿童房的设计至关重要，高低床组合就可以解决两个小孩家庭的难题，本方案中高低床和衣柜组合靠墙摆放，对角位置摆放书柜、书桌组合，房间中间区域留空用于孩子的日常活动玩耍（图4-49）。

（2）设计方案二：本方案主要解决户型不大又有两个小孩家庭的需求。儿童高低床的外表设计符合孩子们的心理，并且可以给孩子们带来乐趣。利用空间的尺寸，靠墙的柜式楼梯设计，左右两边都有防护，可以避免孩子爬梯时脚滑摔倒，安全性系数比较高；同时，柜体设计还充分地利用了空间，给小朋友腾空了更大的活动空间。一整套的组合也使卧室更加整洁、优雅、有个性（图4-50）。

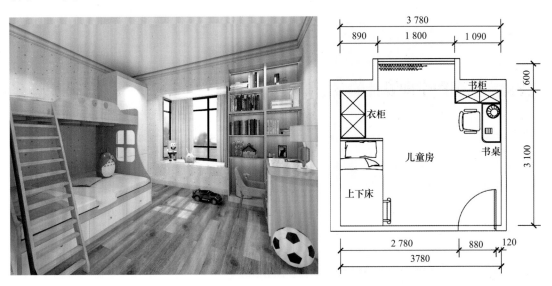

图 4-49 儿童房设计方案（一）

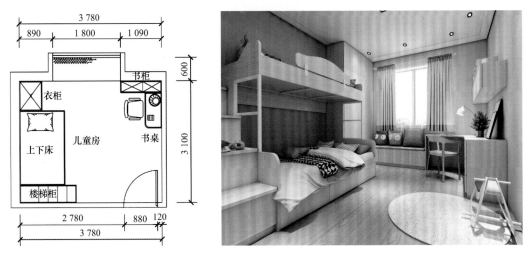

图 4-50 儿童房设计方案（二）

（3）设计方案三：进门位置靠墙设计一组大衣柜满足孩子的储物需要，榻榻米和高低床组合设计满足两个孩子的休息，在高低床下设计书桌、书柜用于孩子的学习使用，房间中间留空区域用于孩子的娱乐活动区（图4-51）。

（4）设计方案四（图4-52）和设计方案五（图4-53）：根据儿童期的孩子生活习惯和需求，主要规划了学习区、储物区、睡眠区、游戏娱乐四大功能区域，选择单人床和衣柜组合靠墙摆放，对面墙角设计书桌、书柜，将更多的空间留给孩子作为游戏娱乐区。造型上无须过多装饰，简洁中凸显时尚个性，注重空间的布局和功能的完美结合。

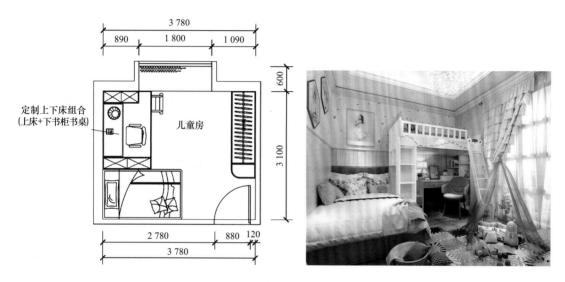

图 4-51　儿童房设计方案（三）

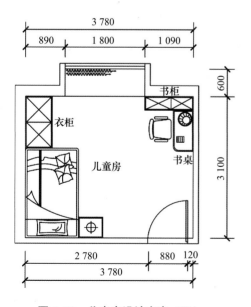

图 4-52　儿童房设计方案（四）

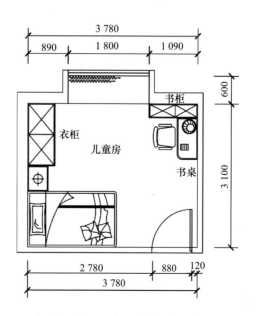

图 4-53　儿童房设计方案（五）

（5）设计方案六、设计方案七和设计方案八：根据青少年期孩子的生活习惯和需求，主要规划了学习区、储物区和睡眠区三大功能区域。设计方案六（图4-54）：进门左侧靠墙设计超大衣柜，满足孩子的储物需求，双人床居中摆放，进门前方靠墙角书桌、书柜组合设计满足孩子的学习需求。设计方案七（图4-55）：将开门位置左移，门右侧留出空间设计衣柜和书桌及书架组合，一体化的设计让空间看起来更整齐划一,有规律。设计方案八(图4-56):进门位置设计一组大衣柜,衣柜设计有圆弧柜,减少空间棱角,只放一个床头柜,床的另一侧设计书桌书架组合。

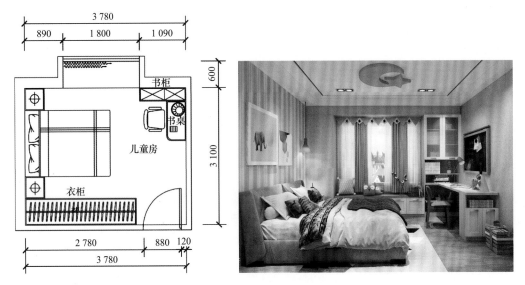

图4-54 儿童房设计方案(六)

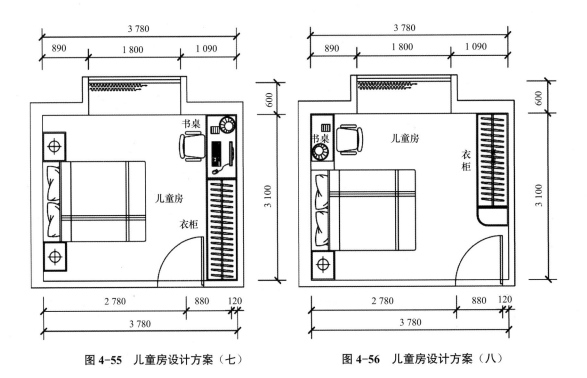

图4-55 儿童房设计方案(七)　　　　　图4-56 儿童房设计方案(八)

◎ 任务小结 ···⊙

1. 根据年龄段的不同,儿童房空间可分为婴幼儿期(0~6岁)、童年期(6~13岁)、青少年期(13~17岁)3个阶段。

2. 儿童房主要可规划为储物区、睡眠区、学习区、娱乐区。

3. 儿童房的设计原则:共同参与规划;充足的照明;柔软、自然的素材;明亮、活泼的色调;可随时重新摆设;安全性;预留展示空间。

◉ **课后练习** ··· ◉

项目实操

1．内容：根据给定的儿童房空间原始框架（图 4-57），完成儿童房空间布局设计。

2．要求：充分考虑儿童房空间的功能需求，满足常规生活；家具摆放及设计合理，符合人体工学尺寸。

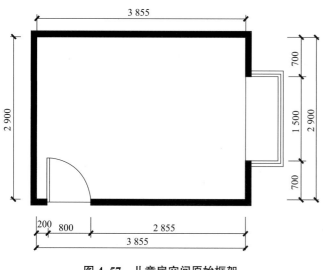

教学视频 4-5
儿童房空间平面方案设计

图 4-57　儿童房空间原始框架

任务 4.6　书房空间平面方案设计

任 务 目 标

1．了解书房空间的功能；

2．熟知书房空间的常见类型；

3．了解书房空间设计的注意事项；

4．掌握书房的设计方法，能进行书房空间平面方案设计。

任 务 重 难 点

1．书房空间的类型；

2．书房空间布局设计。

任 务 知 识 点

书房又称家庭工作室，是作为阅读、书写及业余学习、研究、工作的空间。特别是从事文教、科技、艺术工作者必备的活动空间。书房是为个人而设置的私人天地，是能体现居住者习惯、个性、爱好、品位和专长的场所。

4.6.1　书房空间的功能

　　书房空间在功能上要求创造静态空间，以幽雅、宁静为原则。同时，要提供主人书写、阅读、创作、研究、书刊资料储存及兼有会客交流的条件。当今社会已是信息时代，因此，一些必要的辅助设备如计算机、传真机等也应容纳在书房中，以满足人们更广泛的使用要求（图 4-58）。

图 4-58　书房设计

4.6.2　书房的设计原则

　　书房在住宅的总体格局中归属于工作区域，相当于家居的办公室，但更具私密性。而书房的合理布置有利于建立良好的习作氛围，从而改善人们处于书房的心情，有利于学习思考，提高效率。

1. 书房的位置

　　书房需要的环境是安静，少干扰，但不一定要私密。如果各个房间均在同一层，那么书房可以布置在私密区的外侧，或门口旁边单独的房间。如果它同卧室是一个套间，则在外间比较合适。读书不能影响家人的休息，而且读书活动经常会延续至深夜，中间也许要吃夜宵，要去卫生间，所以最好不要路经卧室。复式结构房屋的优点是分层而治，互不影响。在这样的房子里，选择单独的一层作为书房最为恰当。例如，安静的三层小阁楼，可爱的坡顶，小小的天窗，精神自由得像蓝天。对于单独建造的别墅，室外环境与室内环境的结合是考虑的重点。书房不要靠近道路、活动场，最好布置在后侧，面向幽雅绚丽的后花园，让自然的轻声低语来伴你读书（图 4-59）。

图 4-59　书房的布置

2. 内部格局

书房中的空间主要有收藏区、读书区、休息区。对于 8～15 m² 的书房，收藏区适合沿墙布置，读书区靠窗布置，休息区占据余下的角落，而对于 15 m² 以上的大书房，布置方式就灵活多了，如圆形可旋转的书架位于书房中央，有较大的休息区可供多人讨论，或者有一个小型的会客区（图4-60）。

3. 书房的采光

书房应该尽量占据朝向好的房间，相比于卧室，它的自然采光更重要。读书怡情养性，能与自然交融是最好的。书桌的摆放位置与窗户位置有关，一要考虑光线的角度；二要避免计算机屏幕的眩光。

人工照明主要把握明亮、均匀、自然、柔和的原则，不加任何色彩，这样不易疲劳。重点部位要有局部照明。如果是有门的书柜，可在层板里藏灯，方便查找书籍。如果是敞开的书架，可在吊顶安装射灯，进行局部补光。台灯是很重要的，最好选择可以调节角度、明暗的灯，读书时可以增加舒适度（图4-61）。

4. 书房的设计要素

随着生活品位的提高，书房已经是许多家庭居室中的一个重要组成部分，越来越多的人开始重视对书房的装饰、装修。对于一个可以修身养性、读书练字的书房，在装修时可以从几个字上得到一定的启发，即明、静、雅、序。

（1）明——书房的照明与采光，书房作为主人读书写字的场所，对于照明和采光的要求应该很高，因为人眼在过于强和弱的光线中工作，都会对视力产生很大的影响，所以，写字台最好放在阳光充足但不直射的窗边。这样，在工作疲倦时还可以凭窗远眺以休息眼睛。书房内要设有台灯和书柜用射灯，便于主人阅读和查找书籍。但注意台灯要光线均匀地照射在读书写字的地方，不宜离人太近，以免强光刺眼。长臂台灯特别适合书房照明。

（2）静——修身养性之必需，安静对于书房来讲是十分必要的，因为人在嘈杂的环境中工作效率要比安静的环境中低得多。所以，在装修书房时要选用隔声、吸声效果好的装饰材料。吊顶可采用吸声石膏板吊顶，墙壁可采用 PVC 吸声板或软包装饰布等装饰，地面可采用吸声效果佳的地毯，窗帘要选择较厚的材料，以阻隔窗外的噪声。

（3）雅——清新淡雅以怡情，在书房中，不要只是一组大书柜，加一张大写字台、一把椅子，要将情趣充分融入书房的装饰，一件艺术收藏品，几幅钟爱的绘画或照片，几幅亲手写的墨宝，或几个古朴简单的工艺品，都可以为书房增添几分淡雅、几分清新。

图 4-60　书房的内部格局

图 4-61　书房的采光

（4）序——工作效率的保证，书房顾名思义是藏书、读书的房间。那么多种类的书，且又有常看、不常看和藏书之分，所以应将书进行一定的分类。如分书写区、查阅区、储存区等分别存放，使书房井然有序，还可提高工作效率。

4.6.3 书房空间设计的注意事项

1. 书房不可以设置于主卧室内部

将书房设置于主卧室，会造成看书、休息和睡眠错位，功能区分不明显，使书房不能很好地发挥作用。另外，如果有深夜看书、工作的情况，也会影响家人的睡眠。

2. 人不宜背门而坐

门是气口，会纳入清新的气，同时也会纳入浊气。如果人背门而坐，座后没有依托，空荡荡一片，会使人缺乏安全感。另外，经常背门而坐，会陷入担心来自背后不测的紧张状态之中，不利于学习和工作。传统居住习俗讲究"书桌坐吉，书柜坐凶"，就是将书桌摆放在合适的方位；而书柜刚好相反，可以将其摆在不好的方位。

3. 不宜横梁压顶

书桌和座椅也不能位于横梁下方。否则，会使人有被压迫的感觉，无法集中精力学习和工作。如实在无法避免，可设计假吊顶将其挡住。

4. 书桌不要正对窗户

书桌正对窗户会给人一种"望空"的感觉，这样，人便容易被窗外的景物吸引，或被外面的事物干扰而分神，难以专心致志地学习。这对需要安心学习的人来讲，影响很大。因此，为了提高工作和学习的效率，摆放书桌时应该避免书桌正对窗户，如果无法避免，就要摆放在离窗户稍偏一点的位置，同时，书桌忌放在书房的中间。

4.6.4 书房平面案例分析

1. 内容

根据给定的书房空间原始框架（图 4-62），完成书房空间布局设计。

2. 要求

充分考虑书房空间的功能需求，满足常规生活；家具摆放及设计合理，符合人体工程尺寸。

3. 分析

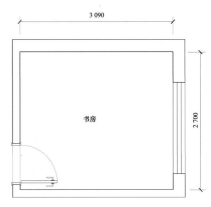

图 4-62 书房空间原始框架图

设计方案一：从书房空间原始结构中可以看出，空间尺寸较小，空间形状接近正方形，本方案中书柜和书桌呈一字形靠墙摆放，可以留下更多的活动空间，在进门位置靠墙摆放一组休闲沙发，可用于来客接待的会客区或休闲区（图 4-63）。

设计方案二：本方案中书柜与书桌呈 T 字形设计，靠墙设计整面墙书柜，可以满足藏书较多的客户，在角落放置休闲椅，用于日常来客接待和休息，打造出休闲、惬意的办公区域（图 4-64）。

设计方案三：本方案中书柜与书桌并排摆放，靠墙设计整面墙书柜，可以满足藏书较多的客户，书柜置于身后可以很方便地拿取书籍，在柔和的光线下看书、学习，非常惬意（图 4-65）。

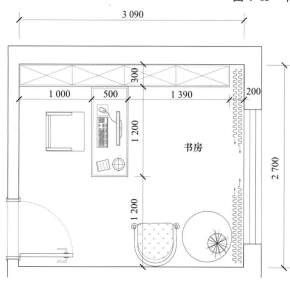

图 4-63　书房空间设计方案（一）

图 4-64　书房空间设计方案（二）

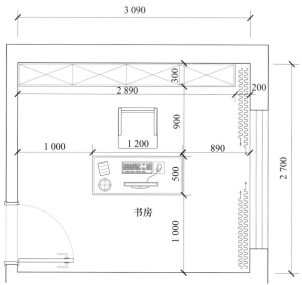

图 4-65　书房空间设计方案（三）

设计方案四：书房作为家庭阅读、工作、学习的重要地方，要是能够合理规划空间同时又美观实用，对小户型业主来说无疑是个喜讯，而榻榻米书房满足了这些需求。本方案在极小的空间内，通过榻榻米的形式打造出舒适、实用的小书房，书桌与榻榻米结合在一起，有足够的收纳空间，还可以给房间保留一定的活动空间，实现了办公区的功能，同时兼具客房的功能（图 4-66）。

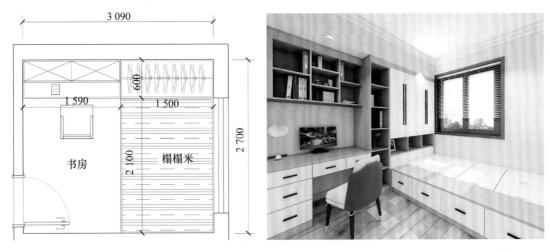

图 4-66 书房空间设计方案（四）

◉ **任务小结** ⋯⋯⋯⋯⋯⋯⋯⋯⋯⋯⋯⋯⋯⋯⋯⋯⋯⋯⋯⋯⋯⋯⋯⋯⋯⋯⋯⋯⋯ ◉

1. 书房空间的功能：书写、阅读、创作、研究、书刊资料储存及兼有会客交流。
2. 书房中的空间主要有收藏区、读书区、休息区。
3. 书房的设计要素："明""静""雅""序"。

◉ **课后练习** ⋯⋯⋯⋯⋯⋯⋯⋯⋯⋯⋯⋯⋯⋯⋯⋯⋯⋯⋯⋯⋯⋯⋯⋯⋯⋯⋯⋯⋯ ◉

项目实操

1. 内容：根据给定的书房空间原始框架（图 4-67），完成书房空间布局设计。
2. 要求：充分考虑书房空间的功能需求，满足常规生活；家具摆放及设计合理，符合人体工程尺寸。

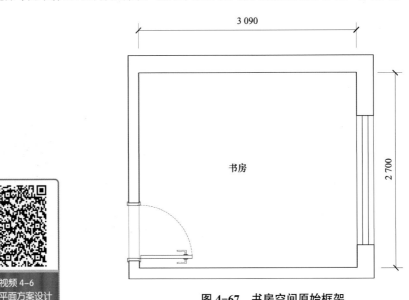

教学视频 4-6
书房空间平面方案设计

图 4-67 书房空间原始框架

任务 4.7　厨房空间平面方案设计

任务目标

1. 了解厨房空间的功能；
2. 熟知厨房空间的常见类型；
3. 了解厨房空间设计的注意事项；
4. 掌握厨房的设计方法，能进行厨房空间平面方案设计。

任务重难点

1. 厨房空间的类型；
2. 厨房空间布局设计。

任务知识点

厨房在人们的日常生活中占有重要的位置，一日三餐都与厨房发生密切的关系。

4.7.1　厨房空间的功能

厨房的功能应遵循"三角"原则，按取材、洗涤、备料、调理、烹煮、盛装、上桌的顺序完成。其主要工作大致应集中在水槽、炉灶和储藏3个基本点上。合理的空间布局应顺着食品的储存和准备、清洗和烹调这一操作过程安排，沿3项主要设备即冰箱、洗涤池和炉灶组成一个三角，工作主要遵循顺手、省力、省时的原则（图4-68）。

图 4-68　厨房布置

1. 储藏中心

储藏中心是指食物储藏，还包括冰箱、橱柜和切菜配件的台面。其排在厨房三角工作区的首位，最好是靠近厨房门口，以方便储藏食物，冰箱从侧面散热，因此，冰箱两侧需要至少保留5 cm以上的空间，确保冰箱能正常工作（图4-69）。

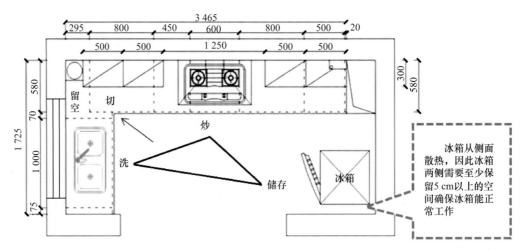

图 4-69   储藏区（冰箱）靠近厨房门口

2. 清洗中心

清洗准备工作是围绕水槽进行的，水槽实际上有多种用途，用以清洗水果、蔬菜、碟子等。清洗中心通常比较靠近烹饪中心，而清洗中心的工作占到全部厨房工作的 40% ～ 47%，厨房工作自始至终都离不开它。因此，在设计厨房时，首先要考虑水槽的位置。

（1）水槽：从使用频率和方式而言，水槽可能是厨房里最重要的用具，可根据客户需求选择单盆或双盆。水槽旁边的操作台是用来摆放未洗或干净的餐具，因水槽的使用频率最高，厨房的工作中心常将水槽安排在最得心应手的位置，它可以被安排在窗下（图 4-70）。

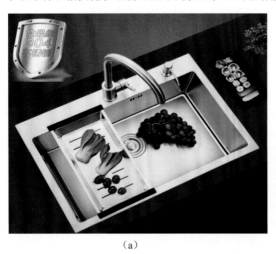
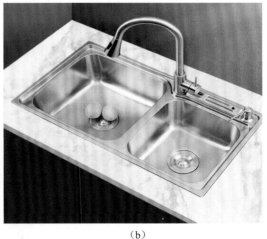

（a）　　　　　　　　　　　　　　　　　　　（b）

图 4-70   水槽
（a）单盆；（b）双盆

（2）洗碗机：洗碗机前方应留 450 ～ 600 mm 的空间以方便洗碗机门的开启，而且在洗碗机之上要有存放盘子的位置（图 4-71）。

（3）垃圾处理装置：在水槽的另一边可以放一个垃圾粉碎机（图 4-72）。

（4）热水器和净水器：这些是清洗中心的设备，燃气热水器安装在墙面上，可随时提供温度合适的热水（图 4-73）。

净水器也称净水机、水质净化器，是按对水的使用要求对水质进行深度过滤、净化处理的水处理设备。平时所讲的净水器，一般是指用作家庭使用的小型净化器（图 4-74）。

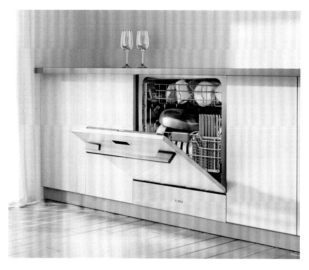

图 4-71　洗碗机

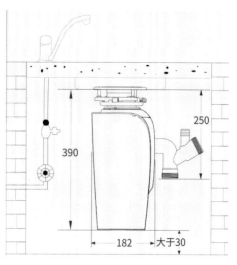

图 4-72　垃圾粉碎机

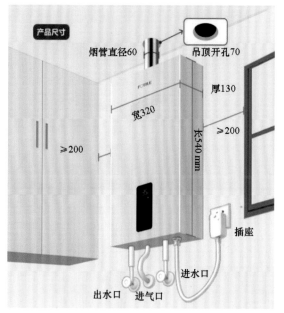

图 4-73　燃气热水器

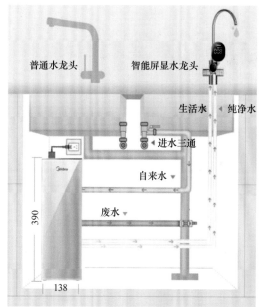

图 4-74　净水器

3. 烹饪中心

饭前半小时左右，烹饪中心成为厨房里最为繁忙的区域，厨房中主要的工作空间是水槽与灶台之间的部分。而大约 1/3 的工作要在烹饪中心完成。理想的烹饪中心位置应既靠近水槽，又接近就餐地点。

（1）燃气灶、电磁锅安装在操作台上的灶台位置，因根据使用者的身高不同，操作台高度一般分为 800 mm、850 mm、900 mm（包含灶具高度），残疾人使用的操作台高度设为 750 mm（图 4-75）。

（2）灶台面与上面抽油烟机之间的垂直距离为 450 ～ 500 mm，烹饪中心的灯光采用抽油烟机上的照明，直接照射灶台，但不可照到人的眼睛（图 4-76）。

（3）烤箱：可作为灶台的一部分或与灶台分开。灶台上的独立式烤箱小巧方便；一体式烤箱可和厨柜融为一体，功能更全，同时也更加美观（图 4-77）。

（4）微波炉：用来快速制作食物的微波炉可以安排在烹饪中心附近，灶门不得朝向墙角。

（5）多个电源插座：提供给小型家用电器的能源，如电饭锅、搅拌机、榨汁机等（图4-78）。

图 4-75　燃气灶　　　　　　　　　　　　**图 4-76　抽油烟机**

（a）

（b）

图 4-77　烤箱
（a）独立式烤箱；（b）一体式烤箱

（a）

（b）

（c）

图 4-78　小型家用电器
（a）电饭锅；（b）搅拌机；（c）榨汁机

　　厨房的设计要以人为本，考虑使用者的工作习惯、操作流程，做到合理布局。虽然厨房的面积大小各异，但关键是要有效地利用空间，厨房的平面布局应遵循"工作三角"原则，方可设计出高效且实用的厨房。

4.7.2　厨房空间的设计

1. 厨房的布局类型

厨房的主要作用是烹饪，兼有洗涤和备餐的功能。所以，尽量采用组合式吊柜、吊架，合理利用一切可使用的空间。按厨房的功能可分为储存、洗涤和烹调，根据其原先布局可以进行有针对性的设计（图 4-79）。

（1）一字形布局。所有工作区沿一面墙一字形布置，给人以简洁、明快的感觉。这种形式适用厨房平面较为狭长的空间，在厨房不够宽、不能容纳平行式设计的情况下经常采用此方法。使储存、洗涤及烹调区一字排开，用镶入式或镶入台面下的电

图 4-79　厨房的布局类型

器来充分利用空间，要留出尽可能多的台面空间。灶台与水槽之间的台面要尽量长，台面与吊柜之间的空间可放若干狭长的置物架，由于空间不大，工作区的组合要简单，但必须保证有通畅的通道（图 4-80）。

图 4-80　一字形布局

（2）L形布局。储存、洗涤和烹调区依次沿两个墙面转角展开布置，可方便各工序连续操作。L形平面设计是最理想的。这种布局方式适用厨房面积不大且平面形状较为方正的空间，最好不要将L形的一面设计过长，以免降低工作效率。这种设计比较普遍，也较为经济。这类厨房的橱柜沿着两面相邻的墙布置。L形厨房提供了连续的操作台面，很少打断"工作三角"的工作程序（图4-81）。

（3）U形布局。这种配置的工作区有两个转角，它的功能与L形大致相同，甚至更方便。U形配置时，工作线可以与其他空间的交通线完全分开，不受干扰。沿连续的3个墙面布置储存区、洗涤区和烹调区，洗涤池在一侧，储存区和烹调区相对布置，使三角形工作区（水槽、炉灶和储藏区这3个点组成的三角形）接近正三角形工作区（图4-82）。

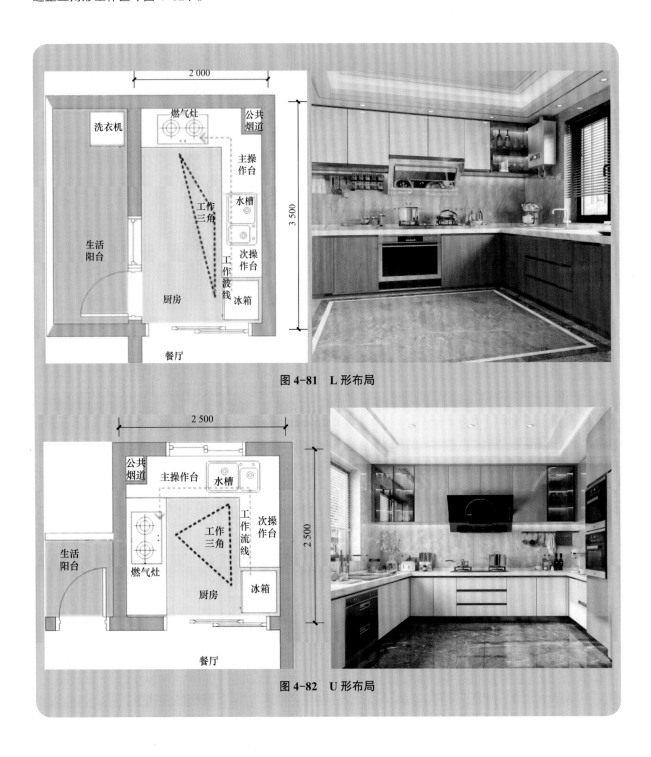

图 4-81 L 形布局

图 4-82 U 形布局

（4）走廊型布局。走廊型布局是将工作区沿两边墙平行布置，在工作分配上，常将洗涤区和备膳区安排在一起，而烹调区独居一处，走廊式厨房占用空间最小，有两排对应操作台，令长方形的空间利用得最为充分（图4-83）。

（5）岛型布局。在厨房面积较大时，在厨房中间设置一个独立的备餐台或工作台，这样既增加了操作面，又可当作简单就餐的餐桌使用。岛型平面布置只适用大厨房，"小岛"是一个独立操作台，水管和电路需预先铺设在地面下（图4-84）。

图 4-83　走廊型布局

图 4-84　岛型布局

2. 厨房的设计类型

（1）开放式厨房：开放式厨房是指巧妙利用空间，将实用美观的餐桌与厨房紧密相连，形成一个开放式的烹饪就餐空间，将烹饪和就餐作为重点考虑的设计形式。开放式厨房营造出温馨的就餐环境，让居家生活的贴心快乐从清早开始就伴随全家人（图4-85）。

（2）封闭式厨房：封闭式厨房的优点是拥有独立的空间，在厨房里可以我行我素，任意煎炒烹炸，客厅里、餐厅里的家人却感觉不到，保持了室内空气的清新（图4-86）。

图 4-85　开放式厨房

图 4-86　封闭式厨房

（3）起居式厨房：起居式厨房将厨房、就餐、起居组织在同一房间，成为全家交流中心的一种层次较高的厨房形式。

3. 厨房空间设计的注意事项

（1）厨房门不宜与卫生间门相对。两门相对，就会出现气味、气流互相影响等问题，其中尤为严重的是厨房门正对卫生间门，简单有效的化解方法为改动门的位置，卫生间和厨房的墙通常不是承重墙，将卫生间或厨房的门改动即可。

（2）厨房门不宜与卧室门相对。卧室是睡眠休息的场所，需要和谐、安全、宁静。厨房门对着卧室门，因空气对流，厨房里烹调时排放的油烟、热气和各种燃烧时所产生的有害气体都会钻进卧室，严重影响卧室的安宁，影响人们的睡眠质量。因此，厨房门不宜与卧室的门相对，其中间只有相隔不远的走廊，使厨房的气味不断冲入卧室，对人的身体会造成不好的影响。化解方法同样是将厨房门的位置改动。

（3）厨房门不宜与大门正对。如果遇到这样的格局，避免方式是将厨房门微调方向。

4.7.3　厨房空间平面案例分析

案例一：U形厨房：本方案厨房比较方正，开间为 2 300 mm，进深为 2 500 mm，面积约为 6.0 m²，工作区共有两处转角，将配料区和烹饪区分设两旁，使水槽、冰箱和炊具连成一个正三角形。U形之间的距离为 1 300 mm，使三角形总长、总和在有效范围内。此设计可增加更多的收藏空间，U形可以合理地利用空间并保证功能区域的合理分配（图 4-87）。

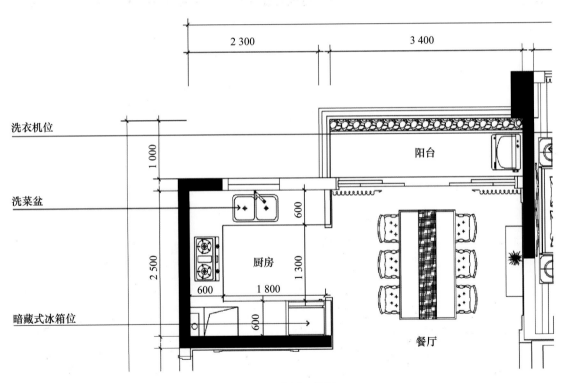

图 4-87　案例一分析

案例二：L形厨房：本方案厨房为长方形，开间为 1 500 mm，进深为 2 700 mm，面积约为 4.0 m²，较适合L形厨房布局，将清洗、配料与烹调三大工作中心依次配置于相互连接的L形墙壁空间。需要满足空间的合理分配，在保证厨房使用功能的情况下，还能保证使用者的操作空间（图 4-88）。

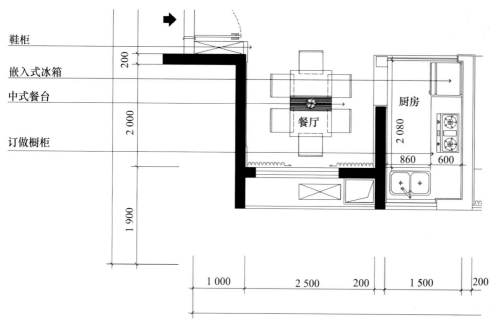

鞋柜

嵌入式冰箱

中式餐台

订做橱柜

厨房

餐厅

图 4-88　案例二分析

◉ 任务小结

1. 厨房的功能应遵循储存、洗涤和烹调的"三角形"原则，主要工作大致应集中在水槽、炉灶和储藏 3 个基本点。

2. 厨房的主要功能：储藏中心、清洗中心、烹饪中心。

3. 厨房的布局类型：一字形、L 形、U 形、走廊型、岛型。

4. 厨房的设计类型：开放式厨房、封闭式厨房、起居式厨房。

◉ 课后练习

项目实操

1. 内容：根据给定的厨房空间原始框架（图 4-89），完成厨房空间布局设计。

2. 要求：充分考虑厨房空间的功能需求，满足常规生活；家具摆放及设计合理，符合人体工程尺寸。

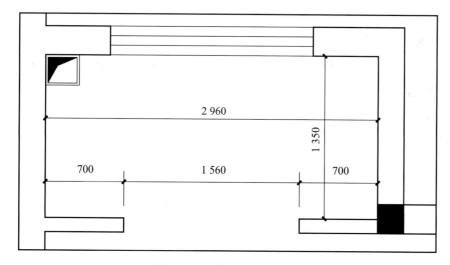

图 4-89　厨房空间原始框架

教学视频 4-7
厨房空间平面方案设计

任务 4.8　卫生间空间平面方案设计

任务目标

1. 了解卫生间空间的功能；
2. 熟知卫生间空间的常见类型；
3. 了解卫生间空间设计的注意事项；
4. 掌握卫生间的设计方法，能进行卫生间空间平面方案设计。

任务重难点

1. 卫生间空间的类型；
2. 卫生间空间布局设计。

任务知识点

卫生间作为家庭的洗理中心，是每个人生活中不可缺少的一部分。

4.8.1　卫生间空间的功能

随着社会的发展，人们对卫生间的功能需求已经不仅只是如厕这么简单；同时，卫生间还需要具备洗澡、更衣、洗衣等功能，这就需要一定的储藏空间来辅助完成这些要求。但卫生间内的空间一般都比较狭小，能利用的空间非常有限，这就需要细致地考虑人们的各项需求，充分地利用各种储藏空间来设计卫生间（图 4-90）。

图 4-90　卫生间布置

1. 浴室柜

浴室柜是浴室间放置物品的柜子，其面材可分为天然石材、玉石、人造石材、防火板、烤漆、玻璃、金属和实木等。基材是浴室柜的主体，它被面材所掩饰。按安装方式不同，浴室柜可分为悬挂式浴室柜和落地式浴式柜（图 4-91）。

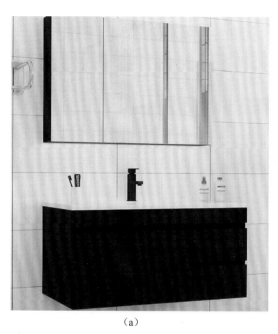

（a） 　　　　　　　　　　　　（b）

图 4-91　浴室柜

（a）悬挂式浴室柜；（b）落地式浴式柜

2. 马桶

马桶也称坐便器，是大小便使用的有盖的桶。后来又逐渐演变为利用虹吸、螺旋虹吸、喷射虹吸和超旋虹吸等原理的抽水马桶。根据马桶盖的配套方式，马桶还可分为普通马桶和智能马桶（图 4-92）。智能马桶有自动换套带冲洗和烘干等不同功能。

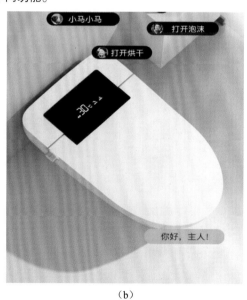

（a） 　　　　　　　　　　　　（b）

图 4-92　马桶

（a）普通马桶；（b）智能马桶

3. 蹲便器

蹲便器是指使用时以人体取蹲式为特点的便器。如今的蹲便器都有存水弯，就是利用一个横"S"形弯管，造成"水封"，防止下水道的臭气外泄（图 4-93）。

4. 花洒

花洒又称莲蓬头，原是一种浇花、盆栽及其他植物的装置。后来有人将之改装成为淋浴装置，使之成为浴室常见的用品（图 4-94）。

图 4-93　蹲便器

图 4-94　花洒

5. 浴缸

浴缸是一种水管装置，供沐浴或淋浴之用，通常装置在家居浴室内。现代的浴缸大多以亚加力（亚克力）或玻璃纤维制造，也有包上陶瓷的钢铁，一直以来，大部分浴缸皆呈长方形，近年由于亚加力加热制浴缸逐渐普及，开始出现各种不同形状的浴缸。浴缸最常见的颜色是白色，也有其他（如粉色等）色调（图 4-95）。

（a）

（b）

图 4-95　浴缸

（a）单人浴缸；（b）双人浴缸

4.8.2　卫生间空间的设计

1.　卫生间的布局

住宅卫生间空间的平面布局与气候、经济条件、文化、生活习惯、家庭人员构成、设备大小、形式有很大关系。因此，布局上有多种形式，例如，有将几件卫生设备组织在一个空间中，也有分置在几个小空间中。归结起来可分为独立型、兼用型和折中型 3 种形式。

（1）独立型卫生间。浴室、厕所、洗脸间等各自独立的卫生间，称为独立型。独立型的优点是各室可以同时使用，特别是在高峰期可以减少互相干扰，各室功能明确，使用起来方便、舒适；缺点是空间面积占用多，建造成本高（图 4-96）。

（2）兼用型卫生间。将浴盆、洗脸池、便器等洁具集中在一个空间中，称为兼用型。单独设立洗衣间，可使家务工作简便、高效。洗脸间从中独立出来，其作为化妆室的功能变得更加明确，洗脸间位于中间可兼作厕所与浴室的前室，卫生间在内部分隔，而总出入口只设一处，是利于布局和节省空间的做法。

兼用型的优点是节省空间、经济、管线布置简单等；缺点是一个人占用卫生间时，影响其他人的使用；另外，面积较小时，储藏等空间很难设置，不适合人口多的家庭。兼用型卫生间中一般不适合放置洗衣机，因为入浴的湿气会影响洗衣机的寿命（图 4-97）。

图 4-96　独立型卫生间　　　　　　　　　图 4-97　兼用型卫生间

（3）折中型卫生间。卫生间中的基本设备，部分独立部分放到一处的情况称为折中型。折中型的优点是相对节省一些空间，组合比较自由；缺点是部分卫生设施设置于一室时，仍有互相干扰的现象（图 4-98）。

图 4-98　折中型卫生间

除上述几种基本布局形式外，卫生间还有许多更加灵活的布局形式，这主要是因为现代人给卫生间注入新概念，增加许多新要求。因此，在卫生间的装饰中，不要拘泥于条条框框，只要自己喜欢，方便、实用就好（图 4-99）。

2. 卫生间的设计原则

（1）使用方便、舒适。卫生间的主要功能是洗漱、沐浴、便溺，有的家庭的卫生间还有化妆、洗衣等功能。现在的卫生间流行"干湿分离"，有些新式住宅已经分成盥洗和浴厕两间，互不干扰，用起来很方便。一间式的卫生间可以用推拉门或隔断分成干、湿两部分，这是一个简单而非常实用的选择（图 4-100）。

（2）保证安全。保证安全主要体现：地面应选用防水、防滑的材料，以免沐浴后地面有水而滑倒；开关最好有安全保护装置，插座不能暴露在外面，以免溅上水导致漏电短路；使用燃气热水器时通风一定要好，以免发生一氧化碳中毒（图 4-101）。

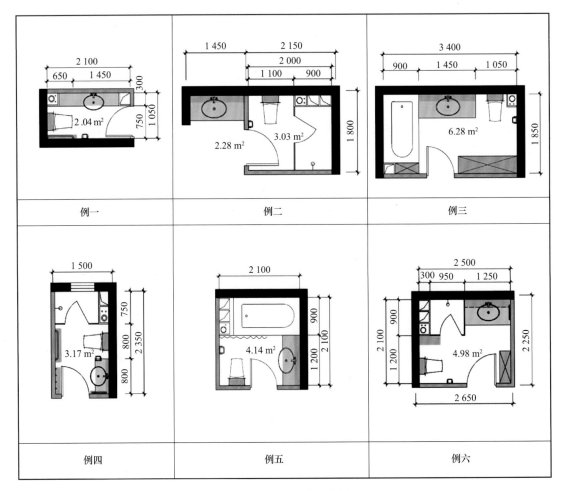

图 4-99　卫生间常见布置

（3）通风、采光效果好。卫生间的一切设计都不能影响通风和采光。应加装排气扇，把污浊的空气抽入烟道或排出窗外。如有化妆台，应保证灯光的亮度（图 4-102）。

（4）装饰风格统一。卫生间的风格应与整个居室的风格一致，其他房间如果是现代风格，那么卫生间也应是现代风格。卫生间装修也是体现家庭装修档次的地方，装饰风格应亮丽明快，一般不应选择较灰暗的色调。由于国内较多家庭的卫生间面积都不大，选择一些色彩亮丽的墙砖会使空间感觉大一些，室内装饰材料应质地细腻，易清洗，防腐、防潮要求也较高。应先把握住整体空间的色调，再考虑墙砖、地砖及顶面吊顶的材料（图 4-103）。

图 4-100　使用方便、舒适

图 4-101　保证安全

图 4-102　通风、采光效果好

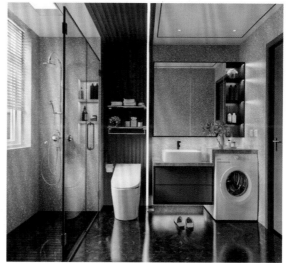

图 4-103　装饰风格统一

4.8.3　卫生间设计的注意事项

卫生间虽然是家中污物汇集的地方，但也是每所住宅中必不可少的功能区。现代都市内的卫生间虽然没有了茅坑，但仍有一定的便溺之气，加上湿气较重，细菌的滋生不可避免。所以，即便是非常干净的卫生间也会有较重的气味。

（1）马桶位置是卫生间的关键，是污物之源，其安放有诸多要求（图 4-104）。

①不可正对卫生间的门，这样更容易使气味外泄，而且容易让人在方便时受干扰，应与浴缸、洗手盆在同一侧，且方向一致，使卫生间内有一个和谐、统一的气场。

②不可正对镜子，人在方便时被镜子照射，会令人不舒服。

③打开卧室卫生间的门后，马桶不可正对睡床，否则气味会干扰睡床的环境。

（2）洗手池不能正对卫生间的门，洗手池在卫生间内是必不可少的，承载着一家人的洗漱功能。洗手池也不能和马桶相对，使卫生间气味混杂，不利于空气的快速净化（图 4-105）。

图 4-104　马桶位置

图 4-105　洗手池位置

（3）浴缸：很多家庭在卫生间内设置了浴缸，但需要注意的是，浴缸宜藏不宜露，不能与卫生间的门相对，也不能与马桶相对。另外，还要保持浴缸的干净清洁，经常擦洗，不经常使用时，也不能将其变成杂物箱来堆积杂物（图 4-106）。

（4）镜子：一般卫生间内少不了镜子，便于人们洗漱，但卫生间的镜子不能正对门。镜子正对马桶和浴缸，会让家人在方便和洗浴时精神紧张，让人精神状态不佳（图 4-107）。

（5）梳妆台：在古代，梳妆台是女子存放金银首饰、私房钱的地方，最好不要将梳妆台设置到卫生间。卫生间的洗手台上只能放置一些碱性的、杀菌性强的洗漱用品，常用的护肤品、化妆品最好放置在独立的梳妆台上（图 4-108）。

图 4-106　浴缸的位置

图 4-107　镜子的位置

图 4-108　梳妆台的位置

4.8.4　卫生间平面案例分析

（1）公共卫生间呈不规则状，在做平面布置时首先要考虑功能需求，便溺、洗浴、盥洗，相应的设备有浴室柜（洗手台）、蹲便器、喷淋等，下一步就是如何放，按人的使用习惯，进门对应的应该首先是浴室柜（洗手台），然后是蹲便器。在空间允许的情况下，设置单独的淋浴空间，使卫生间布局更加合理（图 4-109）。

（2）主卫功能和公共卫生间基本一致，但私密性更好，所以，在布置时可以考虑马桶和浴缸（需考虑主卫空间尺寸）的使用，增加其舒适性。

拓展任务 —— 阳台空间平面方案设计

拓展任务　阳台空间平面方案设计（一）

拓展任务　阳台空间平面方案设计（二）

◉ 任务小结

1. 卫生间的功能：便溺、洗浴、盥洗。
2. 卫生间的常见布局：独立型、兼用型、折中型。
3. 卫生间的设计原则：使用要方便、舒适；要保证安全；通风、采光效果要好；装饰风格要统一。

教学视频 4-8
卫生间空间平面方案设计

◉ 课后练习

项目实操

1. 内容：根据给定的卫生间空间原始框架（图 4-110），完成卫生间空间布局设计。
2. 要求：充分考虑卫生间空间的功能需求，满足常规生活；家具摆放及设计合理，符合人体工程尺寸。

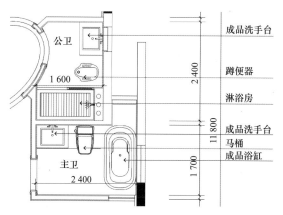

图 4-109　卫生间平面案例分析

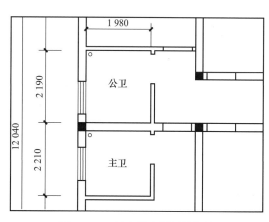

图 4-110　卫生间空间原始框架

项目5 住宅户型平面方案设计

项目导学

在进行室内平面设计时，既要考虑空间本身的通风采光、空气对流、相互贯通且互不干扰，还需要考虑人在室内各个空间活动是否舒适；同时，对各个空间的划分及运用需要更精确、合理、人性化。

1. 通过真实案例导入，充分掌握业主的真实需求，增强职业责任感；设计中严格遵守职业规范和相关法律法规，提高安全和法律意识；绘图中引入行业制图标准和职业规范，培养学生的工匠精神。

2. 小组合作完成项目，提高团队合作精神；结合设计师岗位任职要求，培养提升客户生活品质、解决生活难题的设计师担当意识。

任务 5.1　一居室平面方案设计

任务目标

1. 熟知客情需求，掌握户型优点、缺点的分析方法；
2. 掌握一居室空间平面布置的方法和技巧；
3. 能绘制一居室小户型空间墙体改造图及平面布置图。

任务重难点

1. 客情需求和户型优点、缺点及空间功能布局的设计方法；
2. 绘制功能合理、满足客户要求的一居室空间平面方案设计图。

任务知识点

一居室空间面积较小，在平面布局、装修设计时需要因人而异，充分考虑多方面因素。重点做到以人为本，实用为主，方便起居，合理采光，气流通畅。

5.1.1　一居室空间案例分析

1. 客情分析

客户住宅设计需求见表 5-1。

表 5-1　客户住宅设计需求

客户姓名：李先生；新居地址：恒大小区 502 号；面积：50 m²；户型：一室二厅一厨一卫
使用目的：■长住、□度假、□投资、□办公；其他：婚房过渡使用
1. 职业：□经商、■公务员、□高层管理、□医生、□教师、□艺术家、□其他
2. 居住成员：□父母、■夫（妻）、□女儿、□儿子、□孙子、□孙女、□保姆、□其他
3. 年龄：29 岁；学历：□高中及以下、■大专及以上、□硕士及以上
4. 孩子年龄：■还没有孩子、0～3 岁、□4～6 岁、□7～12 岁、□13～18 岁、□18 岁以上
5. 喜欢的风格：□简欧风格、□美式风格、■田园风格、□新中式风格、□现代风格、□混合型风格、□东南亚风格、■北欧风格、□其他
6. 喜欢的陈设品： 摆设类：■雕塑、□玩具、□酒杯、■花瓶、□其他 壁饰类：■工艺美术品、□各类书画作品、■图片摄影、□其他
7. 喜欢：■陶器、□玉器、□木制品、■玻璃制品、□瓷器、□不锈钢、□其他
8. 喜欢哪类画：□壁画、■油画、■水彩画、□国画、□招贴画、□其他
9. 喜欢的家居整体色调：□偏冷、□偏暖、■根据房间功能
10. 喜欢喝：■茶、□咖啡、□饮料、□水、□其他
11. 用餐习惯：■经常在家用餐、□经常在外用餐、□经常在家请客
12. 洗浴方式：□淋浴、□浴缸、■两样兼有、□其他
13. 爱好：□收藏、□音乐、□电视、□宠物、■运动、□读书、■旅游、■上网、□其他

续表

14. 对装修用到的材料有无特定偏好？ ■石材、□不锈钢、□玻璃、■实木、□其他
15. 您和家人对居室有无特殊禁忌？ □家中禁止出现明黄色、□主卧门不能直对床、■其他
16. 您养宠物吗？是否需要为爱宠考虑独立的居住或活动空间？□是、■否
17. 厨房除常规电器外，还需要哪些特殊设备？■烤箱、■洗碗机、■消毒柜、□垃圾处理器、■净水器、□电动橱柜、□其他
18. 卫生间是否需要 ■智能坐便、□妇洗器、□小便斗（手动／感应）、□蹲便、□其他
19. 是否需要 ■中央空调、□地暖、□其他
20. 其他：储物功能要强，解决物品存放和家具电器不好安置等问题；卫生间狭长，空间虽不小但不够实用；厨房格局不好，橱柜太少，冰箱不好安置。

2. 户型优点缺点分析

本方案是一个一室两厅一厨一卫的小户型，室内面积为 50 m²，空间较为方正，这类户型经济、实用，颇受年轻人的喜欢。

户型优点：客餐厅空间一体，通透无隔墙，面积较大。

户型缺点：卧室面积较小，客户需要较大储物功能，厨房卫生间不合理等。

在设计前，要充分了解客户的需求，户型的优点、不足，以及空间尺寸能否满足功能需求等信息。设计空间就是设计生活，设计时要尊崇客户至上，充分满足客户的需求和爱好，体现"以人为本"的设计理念。在此基础上才能设计出可实施、可落地的方案（原始户型如图 5-1 所示）。

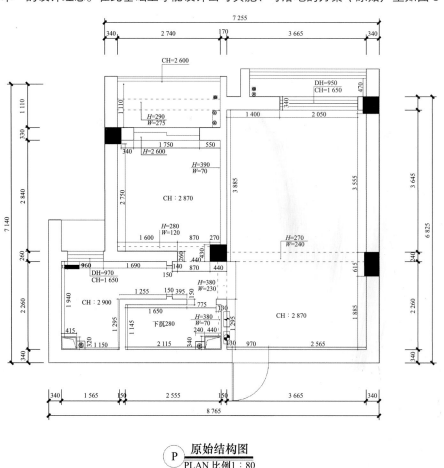

原始结构图
P　PLAN 比例1：80

图标	说明
	燃气表
	强电箱
	弱电箱
	水表
	可视电话
	散热器
	空调墙孔
	主排污立管
	便器管口
	主进水口
	地漏
	排水口

图 5-1　原始户型

3. 空间设计分析

（1）空间墙体改造。依据客户需求，对原始户型进行了墙体改造。拆除卧室和卫生间部分墙体，主要体现在改变了厨房、卫生间、卧室的动线，使空间分区更合理，充分利用过道资源，使空间整合为一体。户型改动后完全能满足业主需求，解除了之前的烦恼（图 5-2）。

（2）客餐厅区域。调整区间功能，将原客餐厅空间改造成客厅与卧室组合空间，组合沙发与双人床之间加上屏风隔断，既能当作沙发的靠山，又能作为两个区域的隔断划分。

（3）卧室区域。原卧室空间改造成多功能榻榻米，榻榻米区域灵活机动，能满足棋牌、茶室、睡眠区的功能需求。

中间设计成吧台。吧台起到承上启下的作用，既能满足与厨房的功能交互，又能作为多功能榻榻米与卧室、客厅之间的对话，一举多得。还可以满足 4～6 人共享美食、学习交流等。

（4）厨房、卫生间区域。扩大厨房空间，橱柜设计为 L 形，满足"洗、切、炒"的功能需求。在厨房区预留冰箱的位置。卫生间不做干湿分区，充分考虑浴室柜、淋浴房、马桶的尺寸及洁具合理摆放。

（5）其他区域。利用每个角落设计储藏功能，如飘窗矮柜、吧台踏步旁的边柜、阳台储藏柜、榻榻米等，满足储物功能需求。

根据以上主要空间的分析，完成图 5-3 所示的参考平面布置方案。

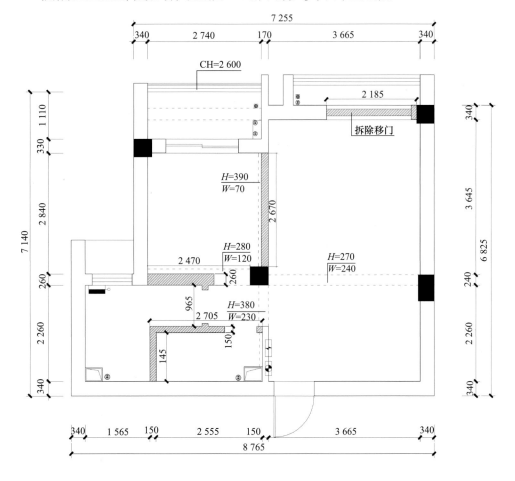

图 5-2 墙体改造
（a）墙体拆除图

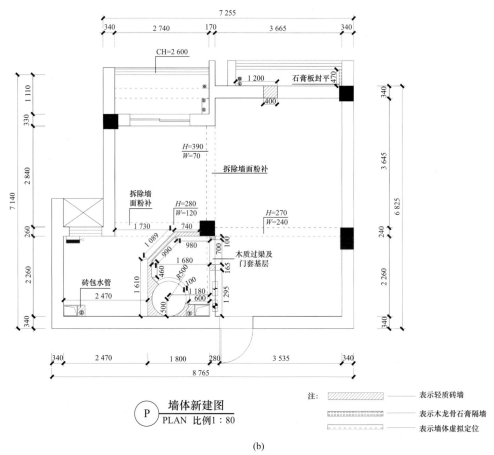

注：▨▨▨▨▨ —— 表示轻质砖墙
　　▥▥▥▥▥ —— 表示木龙骨石膏隔墙
　　▦▦▦▦▦ —— 表示墙体虚拟定位

Ⓟ **墙体新建图**
PLAN 比例1：80

(b)

图 5-2　墙体改造（续）

（b）墙体新建图

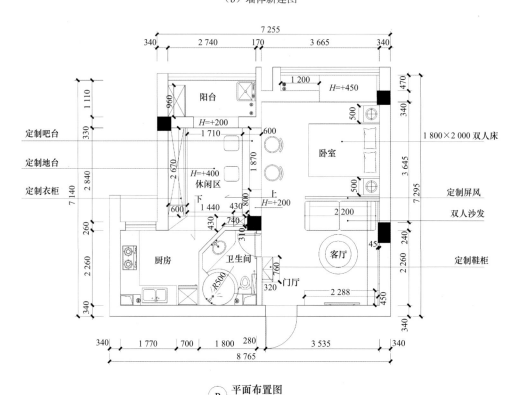

Ⓟ **平面布置图**
PLAN 比例1：80

图 5-3　平面布置图

4. 现场实景图欣赏

根据平面布置图和施工图纸设计，完工后的现场实景如图 5-4 所示。

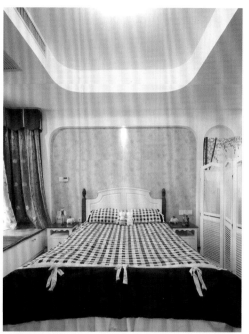

图 5-4　现场实景

在设计中引入国家、行业制图标准《房屋建筑制图统一标准》（GB/T 50001—2017）、《房屋建筑室内装饰装修制图标准》（JGJ/T 244—2011）和职业规范，更要遵守建筑规范、职业操守，增强服务意识和责任担当意识。

5.1.2　一居室空间项目实操

下面以王先生家的一居室住宅原始结构为例，绘制一居室小户型空间墙体改造图及平面布置图。原始结构如图 5-5 所示。

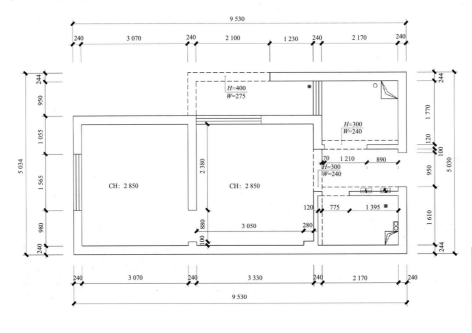

图标	说明
	煤气表
	强电箱
	弱电箱
	水表
	可视电话
	暖气片
	空调墙孔
	主排污立管
	便器管口
	主进水口
	地漏
	排水口

图 5-5　原始结构

◉ **任务小结** ··· ◉

1．能根据客情需求，独立完成一居室空间平面方案设计。

2．平面布置图的设计流程：客情分析→分析户型优点、缺点→空间改造→空间设计分析→绘制平面布置图

◉ **课后练习** ··· ◉

根据客情需求，能够完成一居室空间平面方案设计。

教学视频 5-1
一室一厅一卫空间
平面方案设计

任务 5.2　二居室平面方案设计

任务目标

1. 熟知客情需求，掌握户型优点、缺点的分析方法；
2. 掌握二居室空间平面布置的方法和技巧；
3. 能绘制二居室空间墙体改造图及平面布置图。

任务重难点

1. 了解客情需求和掌握户型优点、缺点及二居室空间功能布局的设计方法。
2. 绘制功能合理、满足客户要求的二居室空间平面方案设计图。

任务知识点

在进行二居室空间布局设计时，可根据家庭成员数量和需求对空间功能加以划分和利用。以追求居住舒适为主，注重经济实用，做到动静分区合理，活动动线明晰。

5.2.1　二居室空间案例分析

1. 客情分析

客户住宅设计需求见表 5-2。

表 5-2　客户住宅设计需求

客户姓名：王先生；新居地址：君临山小区 1102 号；面积：75 m²；户型：二室二厅一厨一卫
使用目的：■长住、□度假、□投资、□办公、□其他
1. 职业：□经商、□公务员、□高层管理、□医生、□教师、□艺术家、■其他
2. 居住成员：□父母、■夫（妻）、□女儿、□儿子、□孙子、□孙女、□保姆、□其他
3. 年龄：32 岁；学历：□高中及以下、■大专及以上、□硕士及以上
4. 孩子年龄：□还没有孩子、□0～3 岁、■4～6 岁、□7～12 岁、□13～18 岁、□18 岁以上
5. 喜欢的风格：□简欧风格、□美式风格、■田园风格、□新中式风格、□现代风格、□混合型风格、□东南亚风格、■北欧风格、□其他
6. 喜欢的陈设品： 摆设类：■雕塑、□玩具、□酒杯、■花瓶、□其他 壁饰类：■工艺美术品、■各类书画作品、■图片摄影、□其他
7. 喜欢：□陶器、□玉器、■木制品、■玻璃制品、■瓷器、□不锈钢、□其他
8. 喜欢哪类画：□壁画、■油画、■水彩画、□国画、□招贴画、□其他
9. 喜欢的家居整体色调：□偏冷、■偏暖、■根据房间功能
10. 喜欢喝：■茶、■咖啡、□饮料、□水、□其他
11. 用餐习惯：■经常在家用餐、□经常在外用餐、□经常在家请客
12. 洗浴方式：□淋浴、□浴缸、■两样兼有、□其他

续表

| 13. 爱好：□收藏、□音乐、□电视、□宠物、■运动、■读书、■旅游、□上网、□其他 |
| 14. 对装修用到的材料有无特定偏好？ ■石材、□不锈钢、□玻璃、■实木、■其他 |
| 15. 您和家人对居室有无特殊禁忌？ □家中禁止出现明黄色、■主卧门不能直对床、■其他 |
| 16. 您养宠物吗？是否需要为爱宠考虑独立的居住或活动空间？□是、■否 |
| 17. 厨房除了常规电器外，还需要哪些特殊设备？■烤箱、■洗碗机、■消毒柜、□垃圾处理器、 ■净水器、□电动橱柜、□其他 |
| 18. 卫生间是否需要 ■智能坐便、□妇洗器、□小便斗（手动／感应）、□蹲便、□其他 |
| 19. 是否需要 ■中央空调、□地暖、□其他 |
| 20. 其他：储物功能要强，要有独立衣帽间；卫生间要干湿分区 |

2．户型优点、缺点分析

本方案是一个二室二厅一厨一卫的户型，室内面积为 75 m²，空间较为狭长。客户要求储物功能要强，要有独立衣帽间；卫生间要干湿分区。客户喜欢的风格为田园风格、北欧风格等。

户型优点：客餐厅空间一体，面积合理。

户型缺点：无独立门厅、走道狭长、入户门正对卧室门。

两室分配方案：一个房间用作主卧，另外一个卧室用作儿童房。在设计前，要充分了解客户的需求，户型的优点、缺点，以及空间尺寸能否满足功能需求等信息，体现"以人为本"的设计理念。在此基础上才能设计出可实施、可落地的方案（原始户型如图 5-6 所示）。

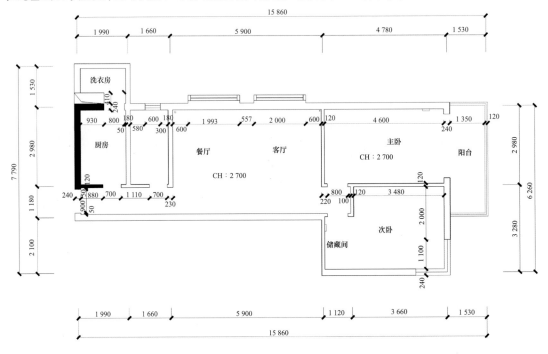

图 5-6　原始户型

3．空间设计分析

（1）空间墙体改造。依据客户需求，对原始户型进行墙体改造。拆除厨房、卫生间和次卧的部分墙体，主要体现在改变了次卧的动线，充分利用过道空间，保证入户门厅的鞋柜和卫生间的干湿分区功能，使空间利用更合理。户型改动后完全能满足业主需求（图 5-7 ）。

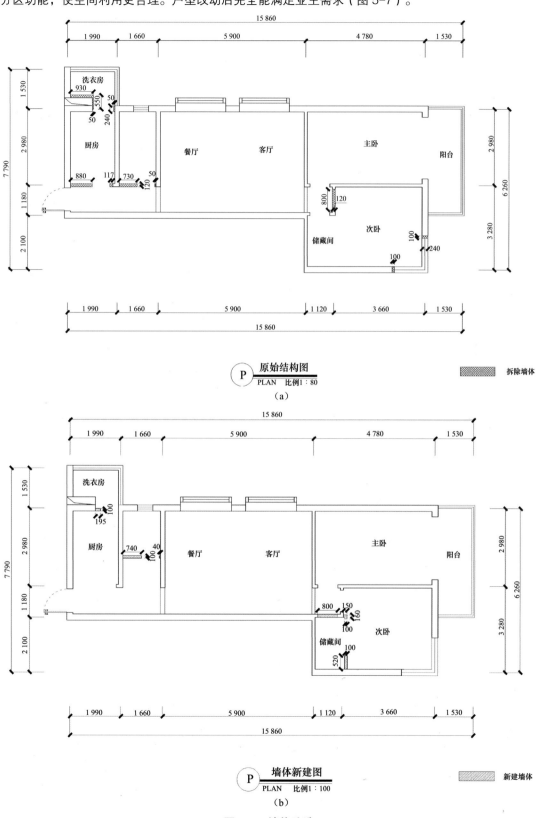

图 5-7　墙体改造

（a）墙体拆除图；（b）墙体新建图

（2）门厅区域。根据户型结构分析，拆除厨房一面墙，入户门左侧设计成一组鞋柜，满足放鞋、储物功能需求。

（3）客餐厅区域。客餐厅空间面积较大，通透性好，视野开阔。将电视背景墙适当延伸至过道墙面，美观大气。餐厅空间较大，餐桌样式可根据业主的家庭生活状况决定。

（4）卧室区域。将次卧的端景墙拆除，调整开门方向，设计成独立衣帽间。为了解决入户门正对次卧门的问题，在走道处设置室内装饰门，既美观又能解决布局功能上的问题。主卧阳台定制储物柜，满足储物功能需求。

（5）厨房、卫生间区域。橱柜设计为一字形，满足"洗、切、炒"的功能需求。冰箱放置在餐厅。卫生间做干湿分区，充分考虑浴室柜、淋浴房、马桶的尺寸及洁具合理摆放。

根据以上主要空间的分析，完成图 5-8 所示的参考平面布置方案。

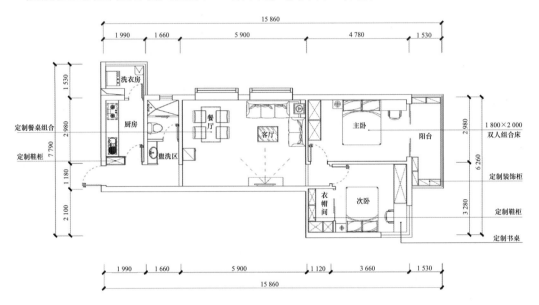

图 5-8　参考平面布置方案

4. 现场实景图欣赏

根据平面布置图和施工图纸设计，完工后的现场实景如图 5-9 所示。

图 5-9　现场实景

5.2.2　居室空间项目实操

　　下面以张先生家的二居室住宅原始结构为例，绘制二居室户型空间墙体改造图及平面布置图。原始结构如图 5-10 所示。

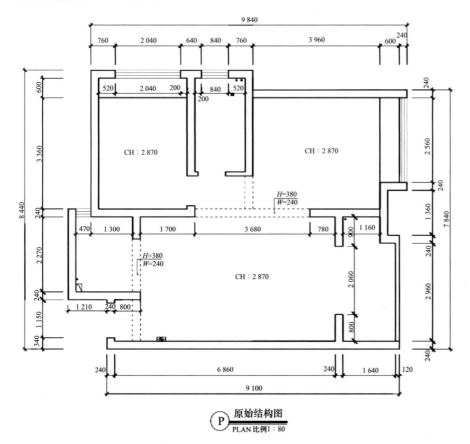

图标	说明
▭	煤气表
▤	强电箱
▣	弱电箱
▣	水表
▤	可视电话
▥	暖气片
▭→	空调墙孔
●	主排污立管
○	便器管口
·	主进水口
■	地漏
·	排水口

图 5-10　原始结构

◉ **任务小结** ···◉

　　1. 能根据客情需求，独立完成二居室空间平面方案设计。

　　2. 平面布置图的设计流程：客情分析→分析户型优点及缺点→空间改造→空间设计分析→绘制平面布置图。

◉ **课后练习** ···◉

　　根据客情需求，能够完成二居室空间平面方案设计。

教学视频 5-2-A
两室两厅一卫平面
方案设计

教学视频 5-2-B
改造户型—两室两厅一
卫平面方案设计

任务 5.3　三居室平面方案设计

任务目标

1. 熟知客情需求，掌握户型优点、缺点的分析方法；
2. 掌握三居室空间平面布置的方法和技巧；
3. 能绘制三居室空间墙体改造图及平面布置图。

任务重难点

1. 了解客情需求，掌握户型优点、缺点及空间功能布局的设计方法；
2. 绘制功能合理、满足客户要求的三居室空间平面方案设计图。

任务知识点

在进行三居室空间布局设计时，可按照家庭成员数量、个人喜好、生活习惯以及家庭生活方式等综合考量，以达到优化室内布局的目的。做到动静分区合理，采光通透明亮，色调和谐统一。

5.3.1　三居室空间案例分析

1. 客情分析

客户住宅设计需求见表5-3。

表 5-3　客户住宅设计需求

客户姓名：张女士；新居地址：保利地产 2802 号；面积：120 m²；户型：三室二厅一厨两卫
使用目的：■长住、□度假、□投资、□办公、□其他
1. 职业：□经商、□公务员、■高层管理、□医生、□教师、□艺术家、□其他
2. 居住成员：□父母、■夫（妻）、■女儿、□儿子、□孙子、□孙女、□保姆、□其他
3. 年龄：35 岁；学历：□高中及以下、□大专及以上、■硕士及以上
4. 孩子年龄：□还没有孩子、□0 ～ 3 岁、■4 ～ 6 岁、□7 ～ 12 岁、□13 ～ 18 岁、□18 岁以上
5. 喜欢的风格：□简欧风格、■美式风格、□田园风格、□新中式风格、□现代风格、■地中海风格、□东南亚风格、■北欧风格、□其他
6. 喜欢的陈设品： 摆设类：■雕塑、■玩具、□酒杯、■花瓶、□其他 壁饰类：■工艺美术品、■各类书画作品、■图片摄影、□其他
7. 喜欢：■陶器、□玉器、■木制品、■玻璃制品、■瓷器、□不锈钢、□其他
8. 喜欢哪类画：■壁画、■油画、■水彩画、□国画、□招贴画、□其他
9. 喜欢的家居整体色调：□偏冷、■偏暖、■根据房间功能
10. 喜欢喝：■茶、■咖啡、□饮料、■水、□其他
11. 用餐习惯：■经常在家用餐、□经常在外用餐、■经常在家请客
12. 洗浴方式：□淋浴、□浴缸、■两样兼有、□其他
13. 爱好：□收藏、■音乐、□电视、□宠物、■运动、■读书、■旅游、■上网、□其他
14. 对装修用到的材料有无特定偏好？　■石材、□不锈钢、■玻璃、■实木、■其他
15. 您和家人对居室有无特殊禁忌？　□家中禁止出现明黄色、■主卧门不能直对床、■其他
16. 您养宠物吗？是否需要为爱宠考虑独立的居住或活动空间？□是、■否
17. 厨房除了常规电器外，还需要哪些特殊设备？■烤箱、■洗碗机、■消毒柜、■垃圾处理器、■净水器、□电动橱柜、□其他
18. 卫生间是否需要 ■智能坐便、■妇洗器、□小便斗（手动 / 感应）、□蹲便、□其他
19. 是否需要 ■中央空调、■地暖、■其他
20. 其他：餐厅空间要大，要有独立衣帽间和书房；主卫有浴缸

2. 户型优点、缺点分析

本方案是一个三室二厅一厨两卫的公寓房户型，室内面积为 120 m²，空间较为方正。客户要求餐厅空间要大，要有独立衣帽间和书房，主卫有浴缸。客户喜欢的风格为美式风格、地中海风格等。

户型优点：户型方正，有独立门厅和空中花园，动静分区较合理。

户型缺点：无独立餐厅。

三室分配方案：一个房间用作主卧，一个房间用作衣帽间和书房，另外一个卧室用作儿童房，色彩和户型改动是本案的两个主要特点。在设计前，要充分了解客户的需求，维护建筑主体的结构不被破坏，保证安全和稳定，施工方便，易于操作。在此基础上才能设计出可实施、可落地的方案（原始户型如图 5-11 所示）。

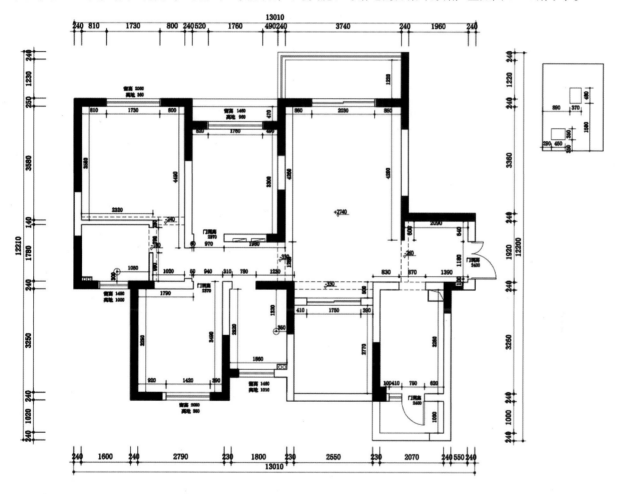

图 5-11　原始户型

3. 空间设计分析

（1）空间墙体改造。依据客户需求，对原始户型进行墙体改造。拆除厨房、空中花园、主卫和次卧的部分墙体，主要改变了厨房的面积空间，保证有较大的餐厅空间，改变了次卧的功能，保证有独立衣帽间和书房，使空间利用更合理。户型改动后能满足业主需求（图 5-12）。

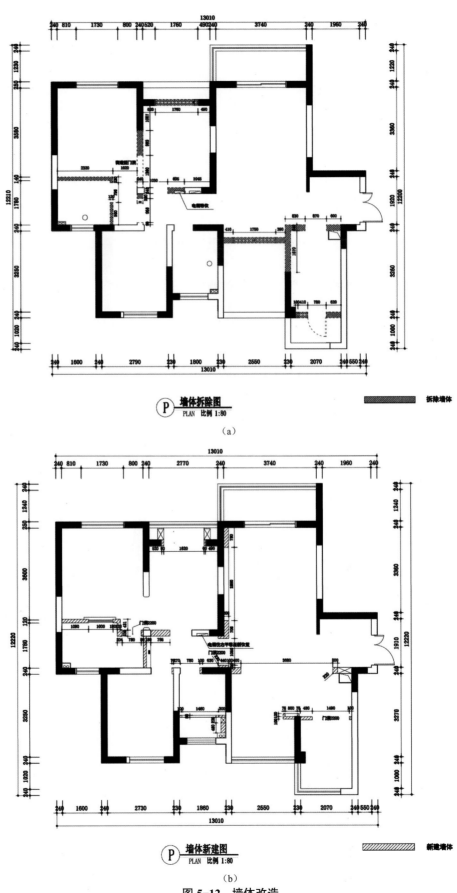

图 5-12 墙体改造

（a）墙体拆除图；（b）墙体新建图

（2）厨房、餐厅区域。根据户型结构分析，原有空中花园被改为餐厅，在有限的空间里做出了中、西厨，而且空间变得更加开阔，长长的岛台兼具岛台和餐桌两个作用，中厨缩小，外面岛台上做了简易西厨功能，冰箱放置在餐厅，靠墙位置设计成酒柜和装饰柜，以满足使用及展示需求。

（3）卧室区域。主卧把南面两个卧室打通，做了套房，改造成书房和衣帽间，满足学习办公及储物的功能需求，营造一个舒适宁静的私密空间。

（4）卫生间区域。调整主卧卫生间开门方向，靠墙摆放浴缸，公卫做干湿分区，充分考虑浴室柜、淋浴房、马桶的尺寸及洁具合理摆放。

根据以上主要空间的分析，完成图 5-13 所示的参考平面布置方案。

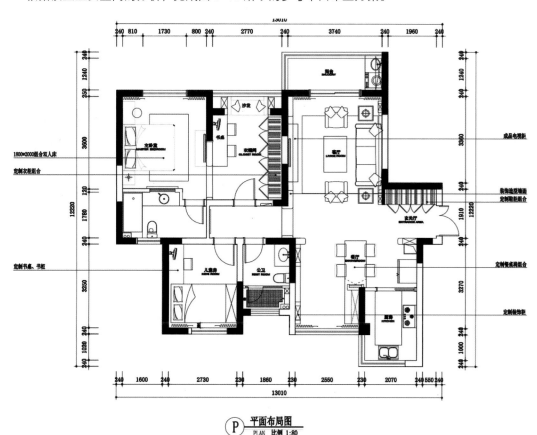

图 5-13　参考平面布置方案

4. 现场实景图欣赏

根据平面布置图和施工图纸设计，完工后的现场实景如图 5-14 所示。

图 5-14　现场实景

图 5-14 现场实景（续）

5.3.2 三居室空间项目实操

下面以刘先生家的三居室住宅原始结构图为例，绘制三居室户型空间墙体改造图及平面布置图（原始结构如图 5-15 所示）。

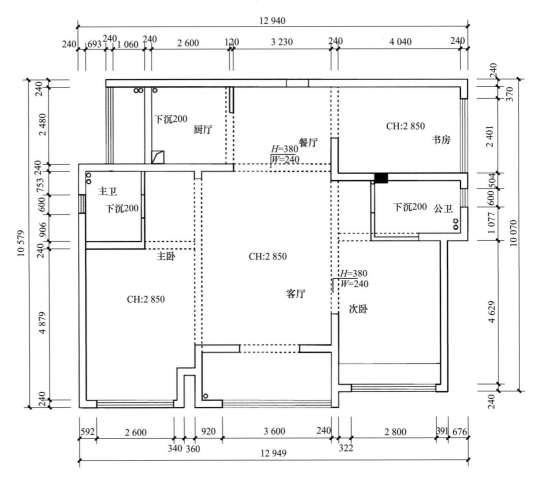

⊙ 原始结构图
PLAN 比例 1：100

图 5-15 原始结构

◉ **任务小结** ··· ◉

　　1．能根据客情需求，独立完成三居室空间平面方案设计。

　　2．平面布置图的设计流程：客情分析→分析户型优点、缺点→空间改造→空间设计分析→绘制平面布置图。

◉ **课后练习** ··· ◉

　　根据客情需求，能够完成三居室空间平面方案设计。

教学视频 5-3-A
三室两厅两卫户型
平面方案设计

教学视频 5-3-B
改造户型—三室两厅一
卫户型平面方案设计

任务 5.4　四居室平面方案设计

任务目标

　　1．熟知客情需求，掌握户型优点、缺点的分析方法；

　　2．掌握四居室空间平面布置的方法和技巧；

　　3．能绘制四居室空间墙体改造图及平面布置图。

任务重难点

　　1．了解客情需求，掌握户型优点、缺点及空间功能布局的设计方法；

　　2．绘制功能合理、满足客户要求的四居室空间平面方案设计图。

任务知识点

　　在进行四居室空间布局设计时，保证各功能区相对独立，区间不受干扰，为客户创造一个舒适惬意的居住环境。重视房屋结构安全，火、电、气安全，切勿随意拆改墙体。

5.4.1　四居室空间案例分析

　　1．客情分析

　　客户住宅设计需求见表 5-4。

表 5-4　客户住宅设计需求

客户姓名：周先生；新居地址：金地大厦 2001 号；面积：148 m²；户型：四室二厅一厨两卫
使用目的：■长住、□度假、□投资、□办公、□其他
1．职业：□经商、■公务员、□高层管理、□医生、□教师、□艺术家、□其他
2．居住成员：■父母、■夫（妻）、□女儿、■儿子、□孙子、□孙女、□保姆、□其他
3．年龄：42 岁、学历：□高中及以下、□大专及以上、■硕士及以上

续表

4. 孩子年龄：□还没有孩子、□0～3岁、□4～6岁、■7～12岁、□13～18岁、□18岁以上
5. 喜欢的风格：□简欧风格、□美式风格、□田园风格、■新中式风格、■现代风格、□地中海风格、 □东南亚风格、□北欧风格、□其他
6. 喜欢的陈设品： 摆设类：■雕塑、■玩具、□酒杯、■花瓶、□其他 壁饰类：■工艺美术品、■各类书画作品、■图片摄影、□其他
7. 喜欢：■陶器、□玉器、■木制品、□玻璃制品、■瓷器、□不锈钢、□其他
8. 喜欢哪类画：□壁画、■油画、■水彩画、■国画、□招贴画、□其他
9. 喜欢的家居整体色调：□偏冷、■偏暖、■根据房间功能
10. 喜欢喝：■茶、■咖啡、□饮料、■水、□其他
11. 用餐习惯：■经常在家用餐、□经常在外用餐、■经常在家请客
12. 洗浴方式：□淋浴、■浴缸、■两样兼有、□其他
13. 爱好：□收藏、■音乐、■电视、□宠物、■运动、■读书、■旅游、■上网、□其他
14. 对装修用到的材料有无特定偏好？■石材、■不锈钢、■玻璃、■实木、□其他
15. 您和家人对居室有无特殊禁忌？□家中禁止出现明黄色、■主卧门不能直对床、■其他
16. 您养宠物吗？是否需要为爱宠考虑独立的居住或活动空间？□是、■否
17. 厨房除了常规电器外，还需要哪些特殊设备？■烤箱、■洗碗机、■消毒柜、■垃圾处理器、■净水器、 □电动橱柜、□其他
18. 卫生间是否需要 ■智能坐便、■妇洗器、□小便斗（手动/感应）、□蹲便、□其他
19. 是否需要 ■中央空调、■地暖、■其他
20. 其他：有观景休闲阳台，有独立衣帽间和书房；储物功能强，主卫有浴缸

2. 户型优﹒点、缺点分析

本方案是一个四室二厅一厨两卫的洋房户型，室内面积为 148 m²，空间方正。客户要求有观景休闲阳台，有独立衣帽间和书房；储物功能强，主卫有浴缸。客户喜欢的风格为新中式风格、现代风格等。

户型优点：户型方正、动静分区合理、阳台面积较大。

户型缺点：无独立门厅。

四室分配方案：一个房间用作主卧带独立衣帽间，一个房间用作多功能书房，另外两个卧室用作儿童房、老人房，独立衣帽间和书房改造是本方案的两个主要特点。在设计前，要充分了解客户的需求，户型的优点、缺点，根据已有的室内空间、相应的标准以及所处环境，利用技术手段和专业建筑设计原则，营造一个使用功能合理，美观舒适，满足人们物质和精神需求的环境。在此基础上才能设计出可实施、可落地的方案。原始户型如图 5-16 所示。

3. 空间设计分析

（1）空间墙体改造。依据客户需求，对原始户型进行墙体改造。拆除入户门靠厨房的一面墙体，设计成内嵌式鞋柜，保证有鞋子及物品摆放功能；拆除衣帽间的一面墙体，改变入门方向，保证独立衣帽间储物功能，使空间利用更合理。户型改动后能满足业主需求（图 5-17）。

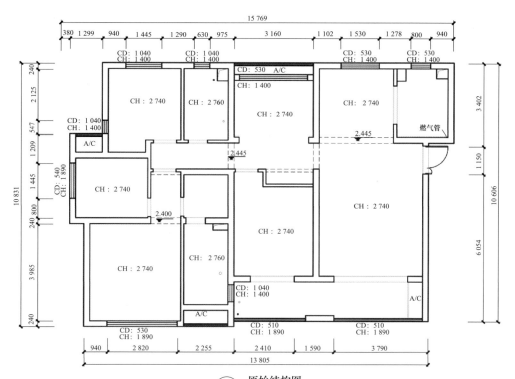

原始结构图
Ⓟ PLAN 比例1：80

图 5-16   原始户型

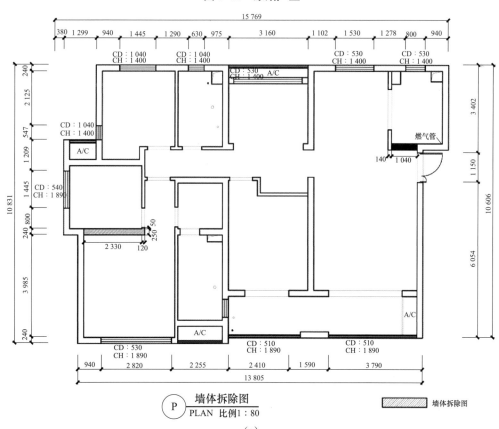

墙体拆除图
Ⓟ PLAN 比例1：80

墙体拆除图

（a）

图 5-17   墙体改造

（a）墙体拆除图；

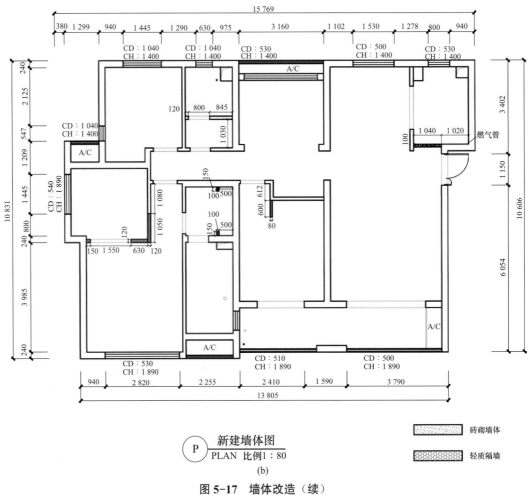

砖砌墙体

轻质隔墙

Ⓟ 新建墙体图
PLAN 比例1：80
(b)

图 5-17　墙体改造（续）

（b）墙体新建图

（2）厨房、餐厅区域。根据户型结构分析，厨房面积较大，将橱柜设计为 U 形，在靠近厨房门口端预留冰箱的位置，厨具位置的设计满足了"洗、切、炒"的顺序。较大的推拉门可保证采光和通风的需求。餐厅空间较大，餐桌样式的可选择性很大，如果家庭成员较多，客人较多，建议使用圆形餐桌，实用性更好，同时也可设计一组酒柜。

（3）主卧室及主卫区域。调整主卧衣帽间的开门方向，设计成 U 形衣柜组合，保证收纳空间最大化及房间的活动空间合理化。主卫区域采用干湿分区的设计手法，即将洗脸池设计为干区，将如厕和洗浴区设计为湿区，使用防水材质将两个区域分离开，使干区、湿区的使用互不影响，达到使用效率的最大化。

（4）书房区域。地面抬高 150 mm 的开放式书房自成一体，总体布局能同时满足 2 人学习、办公需求。靠墙摆放 2 组书柜，同时提供主人书写、阅读、创作、资料贮存以及会客交流的条件。

根据以上主要空间的分析，完成图 5-18 所示的参考平面布置方案。

（5）阳台区域。阳台面积较大，功能布局一分为二，观景休闲与家居生活相结合，合理利用。

4. 现场实景图欣赏

根据平面布置图和施工图纸设计，完工后的现场实景如图 5-19 所示。

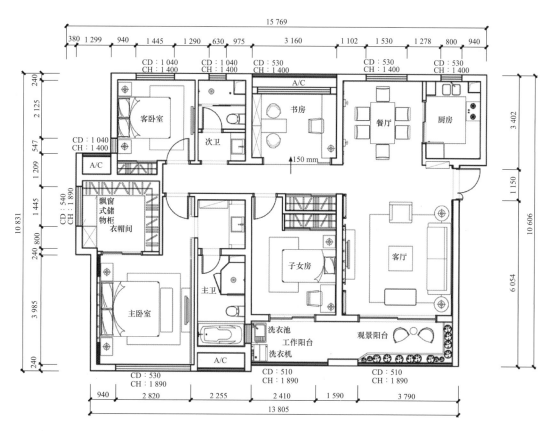

图 5-18　参考平面布置方案

图 5-19　现场实景

图 5-19　现场实景（续）

图 5-19 现场实景（续）

5.4.2 四居室空间项目实操

下面以谢先生家的四居室住宅原始结构图为例，绘制四居室户型空间墙体改造图及平面布置图。原始结构如图 5-20 所示。

◉ **任务小结** ·· ◎

1. 能根据客情需求，独立完成四居室空间平面方案设计。

2. 平面布置图的设计流程：客情分析 → 分析户型优点、缺点 → 空间改造 → 空间设计分析 → 绘制平面布置图。

◉ **课后练习** ·· ◎

根据客情需求，能够完成改造户型平面方案设计。

教学视频 5-4-A
四室两厅两卫户型
平面方案设计

教学视频 5-4-B
改造户型—四室两厅两卫
平面方案设计

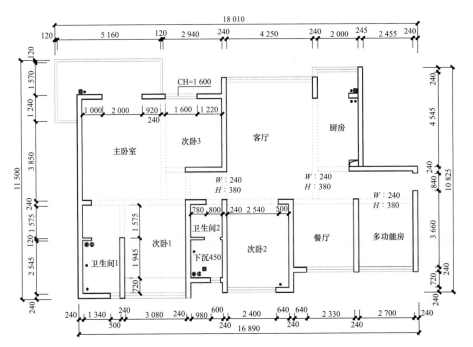

图 5-20　原始结构

任务 5.5　复式户型平面方案设计

任务目标

1. 熟知客情需求，掌握复式户型优点、缺点的分析方法；
2. 掌握复式户型空间平面布置的方法和技巧；
3. 能绘制复式户型墙体改造图及平面布置图。

任务重难点

1. 了解客情需求，掌握复式户型优点、缺点及空间功能布局的设计方法；
2. 绘制功能合理、满足客户要求的复式户型平面方案设计图。

任务知识点

复式户型相比平层户型而言，面积较大，在布局设计时，为保证区域的完整性和私密性，空间分配、功能分区尤为重要。会客厅采用中空设计，如采用落地大玻璃窗，螺旋状楼梯等，以确保复式户型空间具有良好的采光和通风，使复式户型空间更显美观、大气。

5.5.1 复式户型案例分析

1. 客情分析

客户住宅设计需求见表 5-5。

表 5-5 客户住宅设计需求

客户姓名：彭先生；新居地址：长江壹品 1801 号；面积：180 m²；户型：复式楼
使用目的：■长住、□度假、□投资、□办公、□其他
1. 职业：■经商、□公务员、□高层管理、□医生、□教师、□艺术家、□其他
2. 居住成员：■父母、■夫（妻）、□女儿、■儿子、□孙子、□孙女、□保姆、□其他
3. 年龄：45 岁；学历：□高中及以下、■大专及以上、□硕士及以上
4. 孩子年龄：□还没有孩子、□0～3 岁、□4～6 岁、□7～12 岁、■13～18 岁、□18 岁以上
5. 喜欢的风格：■简欧风格、■美式风格、□田园风格、□新中式风格、□现代风格、□地中海风格、□东南亚风格、□北欧风格、□其他
6. 喜欢的陈设品： 摆设类：■雕塑、□玩具、□酒杯、■花瓶、□其他 壁饰类：■工艺美术品、■各类书画作品、□图片摄影、□其他
7. 喜欢：■陶器、□玉器、■木制品、□玻璃制品、■瓷器、□不锈钢、□其他
8. 喜欢哪类画：□壁画、■油画、■水彩画、■国画、□招贴画、□其他
9. 喜欢的家居整体色调：□偏冷、■偏暖、■根据房间功能
10. 喜欢喝：■茶、□咖啡、□饮料、■水、□其他
11. 用餐习惯：□经常在家用餐、■经常在外用餐、□经常在家请客
12. 洗浴方式：□淋浴、■浴缸、■两样兼有、□其他
13. 爱好：□收藏、■音乐、■电视、■宠物、■运动、■读书、■旅游、■上网、□其他
14. 对装修用到的材料有无特定偏好？■石材、■不锈钢、■玻璃、■实木、■其他
15. 您和家人对居室有无特殊禁忌？□家中禁止出现明黄色、■主卧门不能直对床、■其他
16. 您养宠物吗？是否需要为爱宠考虑独立的居住或活动空间？■是、□否
17. 厨房除常规电器外，还需要哪些特殊设备？■烤箱、■洗碗机、■消毒柜、■垃圾处理器、■净水器、■电动橱柜、□其他
18. 卫生间是否需要 ■智能坐便、■妇洗器、□小便斗（手动/感应）、□蹲便、■其他
19. 是否需要 ■中央空调、■地暖、■其他
20. 其他：有开放式厨房，有独立衣帽间和书房；储物功能多，卫生间有浴缸

2. 户型优点、缺点分析

本方案是一个复式户型，建筑面积为 180 m²，空间较为方正。客户要求有开放式厨房，有独立衣帽间和书房；储物功能强，卫生间有浴缸。客户喜欢的风格为简欧风格、美式风格等。

户型优点：户型方正、动静分区合理、每个卧室空间位置相对合理、有独立卫生间。

户型缺点：无独立门厅，进门正前方就是楼梯。

设计时考虑动静分区，把一楼规划为生活区和老人房，二楼为休息区和书房。一楼引用了大宅应有的层次感与节奏感，并且以人性化的功能分区把一楼规划为会客区、视听室、开放式厨房、中厨等细致空间。在设计前，要充分了解客户的需求，户型的优点、缺点，以及空间尺寸能否满足功能需求等信息，体现"以人为本"的设计理念。在此基础上才能设计出可实施、可落地的方案（图 5-21）。

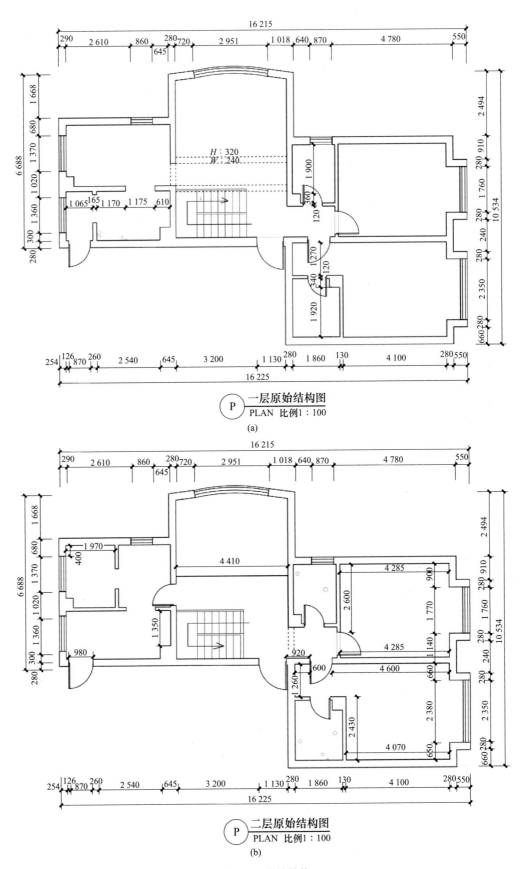

图 5-21　原始结构

（a）一层原始结构图；（b）二层原始结构图

3. 空间设计分析

（1）空间墙体改造。依据客户需求，对原始户型进行墙体改造。一层空间拆除原来的楼梯，将楼梯方向移位，保证有完整的门厅区域，靠墙设计成鞋柜，保证有鞋子及物品摆放功能；拆除厨房和卫生间的隔墙，扩大厨房和卫生间的面积，保证开放式厨房的设计要求，以及卫生间的功能需求。二层空间拆除两面隔墙，保证空间的功能设计要求。

进行空间改造时，既要考虑空间本身的通风与采光是否良好，使各房间之间相互贯通又互不干扰外，还需要考虑人在室内各个空间的活动是否舒适、动线是否合理。利用合理的平面布局引导人们一种积极的、健康向上的生活方式。户型改动后能满足业主需求（图 5-22、图 5-23）。

（2）厨房、餐厅区域。根据户型结构分析，对厨房空间改造后，打造成一个开放式厨房，将橱柜设计为 U 形，在靠近厨房门口端预留冰箱的位置。对于一个家而言，厨房不仅是柴米油盐，更是爱与温暖、交流沟通的场所。用流畅的厨房动线来优化生活中的细节，U 形布局极大地扩大了厨房的收纳空间，也为烹饪美食提供了便利。餐厨一体化设计，白色大理石纹理的桌面搭配枣红色皮质沙发，增添了空间的高级质感。餐桌不大，但足以容纳五口之家的一日三餐，以及酒足饭饱后的谈笑怡情。

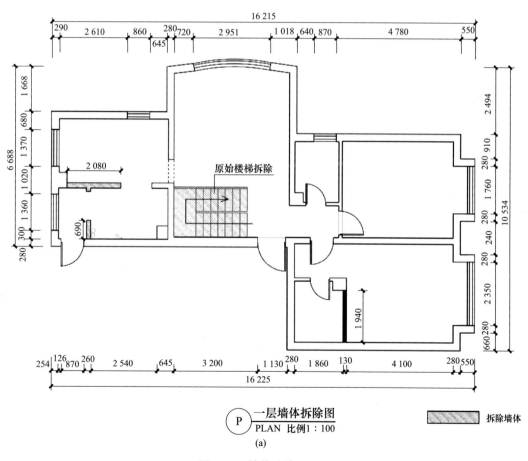

图 5-22　墙体改造（一）

（a）一层墙体拆除图

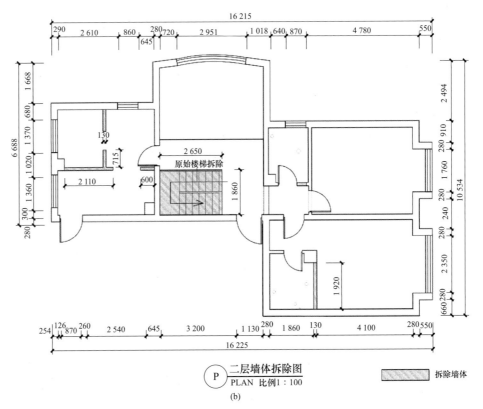

二层墙体拆除图
PLAN 比例1:100
(b)

▨ 拆除墙体

图 5-22　墙体改造（一）（续）

（b）二层墙体拆除图

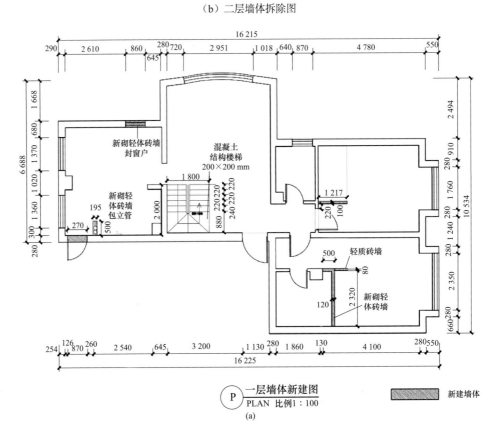

一层墙体新建图
PLAN 比例1:100
(a)

▨ 新建墙体

图 5-23　墙体改造（二）

（a）一层墙体新建图；

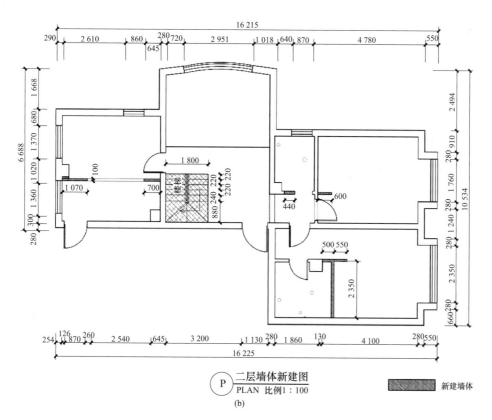

图 5-23　墙体改造（二）（续）

（b）二层墙体新建图

（3）主卧室及主卫区域。双人床摆放位置较中规中矩，设计了两组衣柜，保证收纳空间最大化及房间的活动空间合理化。主卫区域扩大使用面积，不做干湿分区设计，充分考虑洗脸池、马桶、浴缸的尺寸及合理摆放，使空间的使用互不影响，达到使用效率的最大化。

（4）书房区域。独立式书房，功能上要求创造静态空间，以幽雅、宁静为原则。书桌与书柜垂直摆放，一整面墙的大书柜，同时满足业主书写、阅读、书籍贮存的条件，较大的书房空间，同时兼有会客交流的场地。

根据以上主要空间的分析，完成图 5-24 所示的参考平面布置方案。

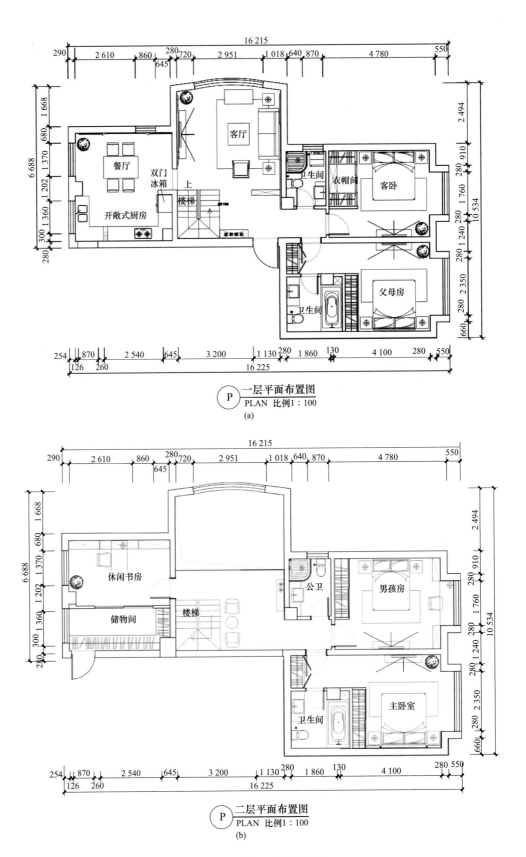

图 5-24　参考平面布置方案

（a）一层平面布置图；（b）二层平面布置图

4. 现场实景图欣赏

根据平面布置图和施工图纸设计，完工后的现场实景如图 5-25 所示。

图 5-25　现场实景

5.5.2　复式户型项目实操

先功能后形式，形式追随功能，使功能和形式达到完美的契合。下面以汪先生家的复式住宅原始结构图为例，绘制复式空间墙体改造图及平面布置图（原始结构如图 5-26 所示）。

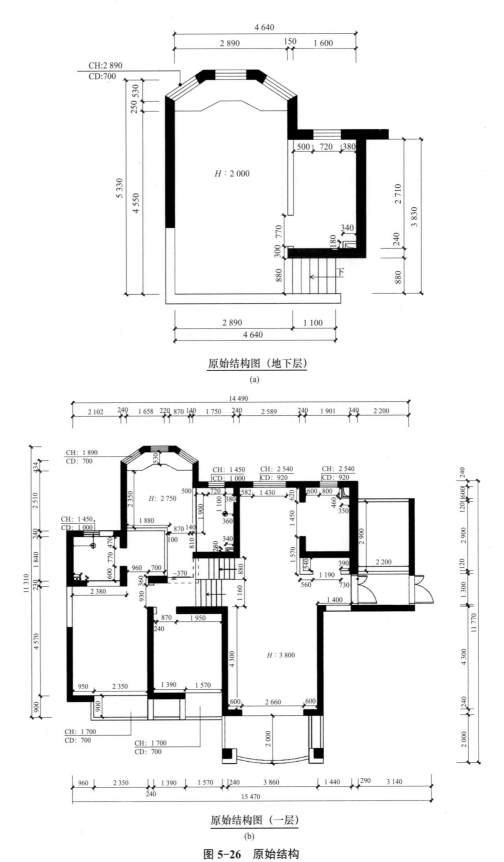

原始结构图（地下层）

(a)

原始结构图（一层）

(b)

图 5-26 原始结构

（a）一层平面布置图；（b）二层平面布置图

◉ **任务小结** ···◎

　　1. 能根据客情需求，独立完成复式户型平面方案设计。

　　2. 平面布置图的设计流程：客情分析 → 分析户型优点、缺点 → 空间改造 → 空间设计分析 →
绘制平面布置图。

◉ **课后练习** ···◎

　　根据客情需求，能够完成复式户型平面方案设计。

教学视频 5-5
复式户型平面方案设计

项目任务单

《门厅空间平面方案设计》项目任务单

《客厅空间平面方案设计》项目任务单

《餐厅空间平面方案设计》项目任务单

《主卧室空间平面方案设计》项目任务单

《儿童房空间平面方案设计》项目任务单

《书房空间平面方案设计》项目任务单

《厨房空间平面方案设计》项目任务单

《卫生间空间平面方案设计》项目任务单

《阳台空间平面方案设计》项目任务单

《一居室平面方案设计》项目任务单

《二居室平面方案设计》项目任务单

《三居室平面方案设计》项目任务单

《四居室平面方案设计》项目任务单

《复式户型平面方案设计》项目任务单

《门厅空间平面方案设计》项目任务单

班级：＿＿＿＿＿＿＿＿ 姓名：＿＿＿＿＿＿＿＿ 学号：＿＿＿＿＿＿＿＿

任务名称	门厅空间平面方案设计	任务编号	MTSJ 001
授课教师		企业师傅	
实训地点		实训时间	
任务描述	1. 任务内容：根据客户需求和门厅空间原始框架图，绘制门厅空间平面方案设计图。 2. 任务目标 （1）掌握《房屋建筑制图统一标准》（GB/T 50001—2017）的相关规定； （2）完成功能布局合理、满足客户需求的门厅平面布局图		
实训准备	1. 知识准备：《建筑 CAD》规范制图相关知识； 2. 资料准备：客户需求表、门厅原始框架图		
提交资料	.pdf 格式、A3 幅面、功能布局合理的门厅平面布局图（图纸附后）		
考核评价标准	1. 职业素养（20%） （1）工作态度认真、严谨； （2）遵守职业规范、体现以人为本。 2. 实训过程（30%） （1）任务准备充分，回答问题积极； （2）任务积极参与，提交及时。 3. 图纸内容（50%） （1）图纸尺寸标注齐全、合理、正确； （2）图纸文字大小合理、清晰易辨； （3）线型（宽度、颜色）合理，符合规范要求； （4）家具尺寸正确，设计合理； （5）空间功能布局合理、实用。 考核成绩：职业素养（20%）+ 实训过程（30%）+ 图纸内容（50%）三部分组成。 说明：门厅空间平面设计图被企业师傅认可或被客户采用，考核成绩直接认定为优秀		

实训过程记录	实训过程：
	实训小结：
考核成绩	

《客厅空间平面方案设计》项目任务单

班级：＿＿＿＿＿＿　　姓名：＿＿＿＿＿＿　　学号：＿＿＿＿＿＿

任务名称	客厅空间平面方案设计	任务编号	KTSJ 002
授课教师		企业师傅	
实训地点		实训时间	
任务描述	1. 任务内容：根据客户需求和客厅空间原始框架图，绘制客厅空间平面方案设计图。 2. 任务目标： （1）掌握《房屋建筑制图统一标准》（GB/T 50001—2017）的相关规定； （2）完成功能布局合理、满足客户需求的客厅平面布局图		
实训准备	1. 知识准备：《建筑 CAD》规范制图相关知识； 2. 资料准备：客户需求表、客厅原始框架图		
提交资料	.pdf 格式、A3 幅面、功能布局合理的客厅平面布局图（图纸附后）		
考核评价标准	1. 职业素养（20%） （1）工作态度认真、严谨； （2）遵守职业规范、体现以人为本。 2. 实训过程（30%） （1）任务准备充分，回答问题积极； （2）任务积极参与，提交及时。 3. 图纸内容（50%） （1）图纸尺寸标注齐全、合理、正确； （2）图纸文字大小合理、清晰易辨； （3）线型（宽度、颜色）合理，符合规范要求； （4）家具尺寸正确，设计合理； （5）空间功能布局合理、实用。 考核成绩：职业素养（20%）＋实训过程（30%）＋图纸内容（50%）三部分组成。 说明：客厅空间平面设计图被企业师傅认可或被客户采用，考核成绩直接认定为优秀		

续表

	实训过程：
实训过程 记录	实训小结：
考核成绩	

《餐厅空间平面方案设计》项目任务单

班级：_____ 姓名：_____ 学号：_____

任务名称	餐厅空间平面方案设计	任务编号	CTSJ 003
授课教师		企业师傅	
实训地点		实训时间	
任务描述	1. 任务内容：根据客户需求和餐厅空间原始框架图，绘制餐厅空间平面方案设计图。 2. 任务目标： （1）掌握《房屋建筑制图统一标准》（GB/T 50001—2017）的相关规定； （2）完成功能布局合理、满足客户需求的餐厅平面布局图		
实训准备	1. 知识准备：《建筑CAD》规范制图相关知识； 2. 资料准备：客户需求表、餐厅原始框架图		
提交资料	.pdf格式、A3幅面、功能布局合理的餐厅平面布局图（图纸附后）		
考核评价标准	1. 职业素养（20%） （1）工作态度认真、严谨； （2）遵守职业规范、体现以人为本。 2. 实训过程（30%） （1）任务准备充分，回答问题积极； （2）任务积极参与，提交及时。 3. 图纸内容（50%） （1）图纸尺寸标注齐全、合理、正确； （2）图纸文字大小合理、清晰易辨； （3）线型（宽度、颜色）合理，符合规范要求； （4）家具尺寸正确，设计合理； （5）空间功能布局合理、实用。 考核成绩：职业素养（20%）+实训过程（30%）+图纸内容（50%）三部分组成。 说明：餐厅空间平面设计图被企业师傅认可或被客户采用，考核成绩直接认定为优秀		

续表

实训过程记录	实训过程：
	实训小结：
考核成绩	

续表

《主卧室空间平面方案设计》项目任务单

班级：_____　　姓名：_____　　学号：_____

任务名称	主卧室空间平面方案设计	任务编号	ZWSSJ 004
授课教师		企业师傅	
实训地点		实训时间	
任务描述	1. 任务内容：根据客户需求和主卧室空间原始框架图，绘制主卧室空间平面方案设计图。 2. 任务目标： （1）掌握《房屋建筑制图统一标准》（GB/T 50001—2017）的相关规定； （2）完成功能布局合理、满足客户需求的主卧室平面布局图		
实训准备	1. 知识准备：《建筑 CAD》规范制图相关知识； 2. 资料准备：客户需求表、主卧室原始框架图		
提交资料	.pdf 格式、A3 幅面、功能布局合理的主卧室平面布局图（图纸附后）		
考核评价标准	1. 职业素养（20%） （1）工作态度认真、严谨； （2）遵守职业规范、体现以人为本。 2. 实训过程（30%） （1）任务准备充分，回答问题积极； （2）任务积极参与，提交及时。 3. 图纸内容（50%） （1）图纸尺寸标注齐全、合理、正确； （2）图纸文字大小合理、清晰易辨； （3）线型（宽度、颜色）合理，符合规范要求； （4）家具尺寸正确，设计合理； （5）空间功能布局合理、实用。 考核成绩：职业素养（20%）+ 实训过程（30%）+ 图纸内容（50%）三部分组成。 说明：主卧室空间平面设计图被企业师傅认可或被客户采用，考核成绩直接认定为优秀		

实训过程记录	实训过程：
	实训小结：
考核成绩	

《儿童房空间平面方案设计》项目任务单

班级：_____ 姓名：_____ 学号：_____

任务名称	儿童房空间平面方案设计	任务编号	ETFSJ 005
授课教师		企业师傅	
实训地点		实训时间	
任务描述	1. 任务内容：根据客户需求和儿童房空间原始框架图，绘制儿童房空间平面方案设计图。 2. 任务目标： （1）掌握《房屋建筑制图统一标准》（GB/T 50001—2017）的相关规定； （2）完成功能布局合理、满足客户需求的儿童房平面布局图		
实训准备	1. 知识准备：《建筑 CAD》规范制图相关知识； 2. 资料准备：客户需求表、儿童房原始框架图		
提交资料	.pdf 格式、A3 幅面、功能布局合理的儿童房平面布局图（图纸附后）		
考核评价标准	1. 职业素养（20%） （1）工作态度认真、严谨； （2）遵守职业规范、体现以人为本。 2. 实训过程（30%） （1）任务准备充分，回答问题积极； （2）任务积极参与，提交及时。 3. 图纸内容（50%） （1）图纸尺寸标注齐全、合理、正确； （2）图纸文字大小合理、清晰易辨； （3）线型（宽度、颜色）合理，符合规范要求； （4）家具尺寸正确，设计合理； （5）空间功能布局合理、实用。 考核成绩：职业素养（20%）+ 实训过程（30%）+ 图纸内容（50%）三部分组成。 说明：儿童房空间平面设计图被企业师傅认可或被客户采用，考核成绩直接认定为优秀		

续表

实训过程记录	实训过程:
	实训小结:
考核成绩	

续表

《书房空间平面方案设计》项目任务单

班级：_____　　姓名：_____　　学号：_____

任务名称	书房空间平面方案设计	任务编号	SFSJ 006
授课教师		企业师傅	
实训地点		实训时间	
任务描述	1. 任务内容：根据客户需求和书房空间原始框架图，绘制书房空间平面方案设计图。 2. 任务目标： （1）掌握《房屋建筑制图统一标准》（GB/T 50001—2017）的相关规定； （2）完成功能布局合理、满足客户需求的书房平面布局图		
实训准备	1. 知识准备：《建筑 CAD》规范制图相关知识； 2. 资料准备：客户需求表、书房原始框架图		
提交资料	.pdf 格式、A3 幅面、功能布局合理的书房平面布局图（图纸附后）		
考核评价标准	1. 职业素养（20%） （1）工作态度认真、严谨； （2）遵守职业规范、体现以人为本。 2. 实训过程（30%） （1）任务准备充分，回答问题积极； （2）任务积极参与，提交及时。 3. 图纸内容（50%） （1）图纸尺寸标注齐全、合理、正确； （2）图纸文字大小合理、清晰易辨； （3）线型（宽度、颜色）合理，符合规范要求； （4）家具尺寸正确，设计合理； （5）空间功能布局合理、实用。 考核成绩：职业素养（20%）+ 实训过程（30%）+ 图纸内容（50%）三部分组成。 说明：书房空间平面设计图被企业师傅认可或被客户采用，考核成绩直接认定为优秀		

续表

实训过程记录	实训过程：
	实训小结：
考核成绩	

续表

《厨房空间平面方案设计》项目任务单

班级：_____ 姓名：_____ 学号：_____

任务名称	厨房空间平面方案设计	任务编号	CFSJ 007
授课教师		企业师傅	
实训地点		实训时间	
任务描述	1. 任务内容：根据客户需求和厨房空间原始框架图，绘制厨房空间平面方案设计图。 2. 任务目标： （1）掌握《房屋建筑制图统一标准》（GB/T 50001—2017）的相关规定； （2）完成功能布局合理、满足客户需求的厨房平面布局图		
实训准备	1. 知识准备：《建筑CAD》规范制图相关知识； 2. 资料准备：客户需求表、厨房原始框架图		
提交资料	.pdf格式、A3幅面、功能布局合理的厨房平面布局图（图纸附后）		
考核评价标准	1. 职业素养（20%） （1）工作态度认真、严谨； （2）遵守职业规范、体现以人为本。 2. 实训过程（30%） （1）任务准备充分，回答问题积极； （2）任务积极参与，提交及时。 3. 图纸内容（50%） （1）图纸尺寸标注齐全、合理、正确； （2）图纸文字大小合理、清晰易辨； （3）线型（宽度、颜色）合理，符合规范要求； （4）家具尺寸正确，设计合理； （5）空间功能布局合理、实用。 考核成绩：职业素养（20%）+实训过程（30%）+图纸内容（50%）三部分组成。 说明：厨房空间平面设计图被企业师傅认可或被客户采用，考核成绩直接认定为优秀		

续表

	实训过程：
实训过程 记录	实训小结：
考核成绩	

《卫生间空间平面方案设计》项目任务单

班级：＿＿＿＿＿＿＿　　姓名：＿＿＿＿＿＿＿　　学号：＿＿＿＿＿＿＿

任务名称	卫生间空间平面方案设计	任务编号	WSJSJ 008
授课教师		企业师傅	
实训地点		实训时间	
任务描述	1. 任务内容：根据客户需求和卫生间空间原始框架图，绘制卫生间空间平面方案设计图。 2. 任务目标： （1）掌握《房屋建筑制图统一标准》（GB/T 50001—2017）的相关规定； （2）完成功能布局合理、满足客户需求的卫生间平面布局图		
实训准备	1. 知识准备：《建筑 CAD》规范制图相关知识； 2. 资料准备：客户需求表、卫生间原始框架图		
提交资料	.pdf 格式、A3 幅面、功能布局合理的卫生间平面布局图（图纸附后）		
考核评价标准	1. 职业素养（20%） （1）工作态度认真、严谨； （2）遵守职业规范、体现以人为本。 2. 实训过程（30%） （1）任务准备充分，回答问题积极； （2）任务积极参与，提交及时。 3. 图纸内容（50%） （1）图纸尺寸标注齐全、合理、正确； （2）图纸文字大小合理、清晰易辨； （3）线型（宽度、颜色）合理，符合规范要求； （4）家具尺寸正确，设计合理； （5）空间功能布局合理、实用。 考核成绩：职业素养（20%）＋实训过程（30%）＋图纸内容（50%）三部分组成。 说明：卫生间空间平面设计图被企业师傅认可或被客户采用，考核成绩直接认定为优秀		

续表

	实训过程：
实训过程 记录	实训小结：
考核成绩	

续表

《阳台空间平面方案设计》项目任务单

班级：＿＿＿＿＿＿　　姓名：＿＿＿＿＿＿　　学号：＿＿＿＿＿＿

任务名称	阳台空间平面方案设计	任务编号	YTSJ 009
授课教师		企业师傅	
实训地点		实训时间	
任务描述	1. 任务内容：根据客户需求和阳台空间原始框架图，绘制阳台空间平面方案设计图。 2. 任务目标： （1）掌握《房屋建筑制图统一标准》（GB/T 50001—2017）的相关规定； （2）完成功能布局合理、满足客户需求的阳台平面布局图		
实训准备	1. 知识准备：《建筑 CAD》规范制图相关知识； 2. 资料准备：客户需求表、阳台原始框架图		
提交资料	.pdf 格式、A3 幅面、功能布局合理的阳台平面布局图（图纸附后）		
考核评价标准	1. 职业素养（20%） （1）工作态度认真、严谨； （2）遵守职业规范、体现以人为本。 2. 实训过程（30%） （1）任务准备充分，回答问题积极； （2）任务积极参与，提交及时。 3. 图纸内容（50%） （1）图纸尺寸标注齐全、合理、正确； （2）图纸文字大小合理、清晰易辨； （3）线型（宽度、颜色）合理，符合规范要求； （4）家具尺寸正确，设计合理； （5）空间功能布局合理、实用。 考核成绩：职业素养（20%）＋实训过程（30%）＋图纸内容（50%）三部分组成。 说明：阳台空间平面设计图被企业师傅认可或被客户采用，考核成绩直接认定为优秀		

续表

	实训过程：
实训过程记录	实训小结：
考核成绩	

《一居室平面方案设计》项目任务单

班级：_____　　姓名：_____　　学号：_____

任务名称	一居室平面方案设计	任务编号	YJSSJ 001
授课教师		企业师傅	
实训地点		实训时间	
任务描述	1. 任务内容：能根据客情需求，独立完成一居室空间平面方案设计。 2. 任务目标： （1）熟知客情需求，掌握户型优点、缺点的分析方法； （2）掌握一居室空间平面布置的方法和技巧； （3）能规范绘制一居室小户型空间墙体改造图及平面布置图		
实训准备	1. 知识准备：《建筑CAD》规范制图及住宅九大空间平面方案设计知识； 2. 资料准备：客户住宅设计需求表、一居室小户型空间原始框架图		
提交资料	*.dwg 文件格式和 A3 规格的 *.pdf 文件格式，功能布局合理的一居室空间墙体改造图及平面布置图（图纸附后）		
考核评价标准	1. 职业素养（20%） （1）工作态度认真、严谨； （2）遵守职业规范和相关法律法规； （3）满足业主真实需求，体现以人为本。 2. 实训过程（30%） （1）任务准备充分，回答问题积极； （2）任务积极参与，提交及时。 3. 图纸内容（50%） （1）图纸尺寸标注齐全、合理、正确； （2）图纸制图规范，符合人体工程尺寸； （3）空间功能布局合理，满足客户需求，方案实用； （4）图纸内容完整，无遗漏。 考核成绩：职业素养（20%）+ 实训过程（30%）+ 图纸内容（50%）三部分组成。 说明：一居室平面方案设计图纸被企业师傅认可或被客户采用，考核成绩直接认定为优秀		

续表

实训过程记录	实训过程：
	实训小结：
考核成绩	

《二居室平面方案设计》项目任务单

班级：＿＿＿＿＿＿　　姓名：＿＿＿＿＿＿　　学号：＿＿＿＿＿＿

任务名称	二居室平面方案设计	任务编号	LJSSJ 002
授课教师		企业师傅	
实训地点		实训时间	
任务描述	1. 任务内容：能根据客情需求，独立完成二居室空间平面方案设计。 2. 任务目标： （1）熟知客情需求，掌握户型优点、缺点的分析方法； （2）掌握二居室空间平面布置的方法和技巧； （3）能规范绘制二居室空间墙体改造图及平面布置图		
实训准备	1. 知识准备：《建筑 CAD》规范制图及住宅九大空间平面方案设计知识； 2. 资料准备：客户住宅设计需求表、二居室小户型空间原始框架图		
提交资料	*.dwg 文件格式和 A3 规格的 *.pdf 文件格式，功能布局合理的二居室空间墙体改造图及平面布置图（图纸附后）		
考核评价标准	1. 职业素养（20%） （1）工作态度认真、严谨； （2）遵守职业规范和相关法律法规； （3）满足业主真实需求，体现以人为本。 2. 实训过程（30%） （1）任务准备充分，回答问题积极； （2）任务积极参与，提交及时。 3. 图纸内容（50%） （1）图纸尺寸标注齐全、合理、正确； （2）图纸制图规范，符合人体工程尺寸； （3）空间功能布局合理，满足客户需求，方案实用； （4）图纸内容完整，无遗漏。 考核成绩：职业素养（20%）+ 实训过程（30%）+ 图纸内容（50%）三部分组成。 说明：二居室平面方案设计图纸被企业师傅认可或被客户采用，考核成绩直接认定为优秀		

实训过程记录	实训过程：
	实训小结：
考核成绩	

《三居室平面方案设计》项目任务单

班级：＿＿＿＿＿＿　　姓名：＿＿＿＿＿＿　　学号：＿＿＿＿＿＿

任务名称	三居室平面方案设计	任务编号	SJSSJ 003
授课教师		企业师傅	
实训地点		实训时间	
任务描述	1. 任务内容：能根据客情需求，独立完成三居室空间平面方案设计。 2. 任务目标： （1）熟知客情需求，掌握户型优点、缺点的分析方法； （2）掌握三居室空间平面布置的方法和技巧； （3）能规范绘制三居室空间墙体改造图及平面布置图		
实训准备	1. 知识准备：《建筑 CAD》规范制图及住宅九大空间平面方案设计知识； 2. 资料准备：客户住宅设计需求表、三居室空间原始框架图		
提交资料	*.dwg 文件格式和 A3 规格的 *.pdf 文件格式，功能布局合理的三居室空间墙体改造图及平面布置图（图纸附后）		
考核评价标准	1. 职业素养（20%） （1）工作态度认真、严谨； （2）遵守职业规范和相关法律法规； （3）满足业主真实需求，体现以人为本。 2. 实训过程（30%） （1）任务准备充分，回答问题积极； （2）任务积极参与，提交及时。 3. 图纸内容（50%） （1）图纸尺寸标注齐全、合理、正确； （2）图纸制图规范，符合人体工程尺寸； （3）空间功能布局合理，满足客户需求，方案实用； （4）图纸内容完整，无遗漏。 考核成绩：职业素养（20%）+ 实训过程（30%）+ 图纸内容（50%）三部分组成。 说明：三居室平面方案设计图纸被企业师傅认可或被客户采用，考核成绩直接认定为优秀		

续表

实训过程记录	实训过程：
	实训小结：
考核成绩	

《四居室平面方案设计》项目任务单

班级：＿＿＿＿＿＿＿　　姓名：＿＿＿＿＿＿＿　　学号：＿＿＿＿＿＿＿

任务名称	四居室平面方案设计	任务编号	SJSSJ 004
授课教师		企业师傅	
实训地点		实训时间	
任务描述	1. 任务内容：能根据客情需求，独立完成四居室空间平面方案设计。 2. 任务目标： （1）熟知客情需求，掌握户型优点、缺点的分析方法； （2）掌握四居室空间平面布置的方法和技巧； （3）能规范绘制四居室空间墙体改造图及平面布置图		
实训准备	1. 知识准备：《建筑 CAD》规范制图及住宅九大空间平面方案设计知识； 2. 资料准备：客户住宅设计需求表、四居室空间原始框架图		
提交资料	*.dwg 文件格式和 A3 规格的 *.pdf 文件格式，功能布局合理的四居室空间墙体改造图及平面布置图（图纸附后）		
考核评价标准	1. 职业素养（20%） （1）工作态度认真、严谨； （2）遵守职业规范和相关法律法规； （3）满足业主真实需求，体现以人为本。 2. 实训过程（30%） （1）任务准备充分，回答问题积极； （2）任务积极参与，提交及时。 3. 图纸内容（50%） （1）图纸尺寸标注齐全、合理、正确； （2）图纸制图规范，符合人体工程尺寸； （3）空间功能布局合理，满足客户需求，方案实用； （4）图纸内容完整，无遗漏。 考核成绩：职业素养（20%）＋实训过程（30%）＋图纸内容（50%）三部分组成。 说明：四居室平面方案设计图纸被企业师傅认可或被客户采用，考核成绩直接认定为优秀		

续表

实训过程 记录	实训过程：
	实训小结：
考核成绩	

《复式户型平面方案设计》项目任务单

班级：＿＿＿＿＿＿＿＿　　姓名：＿＿＿＿＿＿＿＿　　学号：＿＿＿＿＿＿＿＿

任务名称	复式户型平面方案设计	任务编号	FSHXSJ 005
授课教师		企业师傅	
实训地点		实训时间	
任务描述	1. 任务内容：能根据客情需求，独立完成复式户型平面方案设计。 2. 任务目标： （1）熟知客情需求，掌握复式户型优点、缺点的分析方法； （2）掌握复式户型空间平面布置的方法和技巧； （3）能规范绘制复式户型墙体改造图及平面布置图		
实训准备	1. 知识准备：《建筑 CAD》规范制图及住宅九大空间平面方案设计知识； 2. 资料准备：客户住宅设计需求表、复式户型空间原始框架图		
提交资料	*.dwg 文件格式和 A3 规格的 *.pdf 文件格式，功能布局合理的复式户型墙体改造图及平面布置图（图纸附后）		
考核评价标准	1. 职业素养（20%） （1）工作态度认真、严谨； （2）遵守职业规范和相关法律法规； （3）满足业主真实需求，体现以人为本。 2. 实训过程（30%） （1）任务准备充分，回答问题积极； （2）任务积极参与，提交及时。 3. 图纸内容（50%） （1）图纸尺寸标注齐全、合理、正确； （2）图纸制图规范，符合人体工程尺寸； （3）空间功能布局合理，满足客户需求，方案实用； （4）图纸内容完整，无遗漏。 考核成绩：职业素养（20%）+ 实训过程（30%）+ 图纸内容（50%）三部分组成。 说明：复式户型平面方案设计图纸被企业师傅认可或被客户采用，考核成绩直接认定为优秀		

续表

实训过程 记录	实训过程： 实训小结：
考核成绩	

参 考 文 献

［1］［美］斯坦利·阿伯克隆比.室内设计哲学［M］.西楠,译.重庆:重庆大学出版社,2016.

［2］刘昱初,程正渭.人体工程学与室内设计［M］.2版.北京:中国电力出版社,2013.

［3］刘秉琨.环境人体工程学［M］.上海:上海人民美术出版社,2007.

［4］拓者设计吧,https://www.tuozhe8.com/.